이 책의 감수와 추천에 참여하신
전국지리교사모임 선생님들

서 울

박래광 선생	서울 난곡중학교
박혜숙 선생	서울 난곡중학교
김　웅 선생	서울 동대문중학교
윤민주 선생	서울 수유중학교
김　훈 선생	서울 신천중학교
박정애 선생	서울 여의도중학교
김선영 선생	서울 당곡고등학교
조해수 선생	서울 대진고등학교
윤신원 선생	서울 성남고등학교
우기서 선생	서울 성보고등학교
정혜임 선생	서울 수명고등학교
황은선 선생	이화여자대학교 대학원
오선민 선생	이화여자대학교 대학원
최무진 선생	고려대학교 대학원

경 기

김이진 선생	고양 무원고등학교
정명섭 선생	고양 백신고등학교
김윤정 선생	고양 정발고등학교
김승혜 선생	과천 문원중학교
박선은 선생	광명 광명고등학교
이연주 선생	광명 소하고등학교
박용덕 선생	광명 하안북중학교
임숙경 선생	남양주 청학고등학교
진은혜 선생	부천 중흥중학교
송진숙 선생	부천 원미고등학교
박경주 선생	부천 중원고등학교
김가경 선생	부천 중흥고등학교
김명철 선생	시흥 정왕고등학교
김석용 선생	안산 강서고등학교
김대훈 선생	안산 원곡고등학교
윤혜란 선생	안양 근명중학교

내셔널지오그래피 청소년 글로벌 교양지리 03

유네스코 세계유산

SHIJIEWENHUAYUZIRANYICHANJINGHUA
BIANZHE : SHIJIEWENHUAYUZIRANYICHANJINGHUA BIANWEIYUAN

copyright ⓒ 2007 by JILINCHUBANJITUANYOUXIANZERENGONGSI
All rights reserved.
Korean Translation Copyright ⓒ 2011 by Neukkimchaek Publishing Co.
Korean edition is published by arrangement
with JILINCHUBANJITUANYOUXIANZERENGONGSI
through EntersKorea Co.,Ltd, Seoul.

내셔널지오그래피 청소년 글로벌 교양지리 03

유네스코 세계유산

초판 1쇄 인쇄일 ｜ 2011년 11월 30일　　**초판 1쇄 발행일** ｜ 2011년 12월 05일
초판 9쇄 인쇄일 ｜ 2014년 02월 05일　　**초판 9쇄 발행일** ｜ 2014년 02월 12일

지은이 ｜ 내셔널지오그래피 편집위원회 편
옮긴이 ｜ 이화진
펴낸이 ｜ 강창용
펴낸곳 ｜ 느낌이있는책
주 소 ｜ 경기도 파주시 교하읍 파주출판문화산업단지 문발로 115 세종 107호
전 화 ｜ (代)031-943-5931
팩 스 ｜ 031-943-5962
홈페이지 ｜ http://feelbooks.co.kr
이메일 ｜ feelbooks@naver.com
등록번호 ｜ 제 10-1588
등록년월일 ｜ 1998. 5. 16

기획편집 ｜ 신선숙
디 자 인 ｜ *design* Bbook
책임영업 ｜ 최강규
책임관리 ｜ 김나원

ISBN　978-89-92729-89-5 44980
　　　　978-89-92729-95-6(세트)
값 13,800원

● 잘못된 책은 구입처에서 교환해드립니다.

내셔널지오그래피 청소년 글로벌 교양지리 03

유네스코 세계유산

내셔널지오그래피 편집위원회 편 | 이화진 옮김

느낌이 있는 책

역사와 자연을 함께 읽는 즐거움

지구 나이 46억 년을 24시간으로 환산하면, 인류와 지구의 만남은 측정할 수 없을 정도의 짧은 순간입니다. 인류가 탄생하기 이전부터 지구는 자신의 몸속에 다양한 자원을 배태시켰고, 자신의 피부에 경이로운 자연경관을 만들었습니다. 인류는 지구가 자신들에게 남겨 준 선물을 이용하여 문명을 탄생시켰고, 수없이 많은 유산을 남기게 됩니다. 지구의 자연과 더불어 살아온 삶 속에 진정 인류의 숨결이 남아 있습니다.

나는 가끔 인류의 역사와 자연을 어떻게 하면 훌륭하게 연결할 수 있을지 고민합니다. 그래서 인문학과 자연과학의 연결고리를 찾는 데 많은 시간을 할애하지만 결코 쉬운 일이 아니지요. 너무나도 다양한 분야로부터 방대한 양의 자료를 찾고 정리해야 합니다. 지칠 때마다 역사와 자연을 함께 읽을 수 있는 서적이 있었으면 하고 생각했습니다. 이번에 '느낌이있는책'에서 출판한 〈내셔널지오그래피 청소년 글로벌 교양지리〉는 나의 시름을 풀어 주기에 충분할 정도로 훌륭한 책입니다.

인류 문명의 발상은 지구의 기후변화와 밀접한 상관이 있습니다. 제국의 탄생과 멸망 역시 다양한 자연 현상의 결과로 해석되기도 하지요. 이처럼 인류 역사의 흐름과 자연의 변화를 동시에 살피는 복합학적 연구가 요즘 시대의 학문적 경향으로 자리잡고 있습니다. 청소년들에게 학교 교육이 주는 단편적인 지식에서 벗어나 통합적인 사고, 창의적인 사고를 배양시키기 위해서는 학문간 연결고리를 제공해 주는 참고 서적이 필요합니다. 이런 점에서 〈내셔널지오그래피 청소년 글로벌 교양지리〉를 젊은 학생들에게 필독서로 추천하고 싶습니다.

과거의 문명들이 남긴 세계적인 유산을 돌아보고, 지구의 경이로운 경관과 그 속에 담긴 비밀을 풀어 보면서 걷게 되는 지리적 경험은 청소년 독자들로 하여금 우리가 살고 있는 세상의 아름답고 보편적인 가치를 깨닫게 할 것입니다. 그리고 그러한 경험 속에서 움트는 창의적인 생각이야말로 인류의 미래를 더욱 밝게 만드는 소중한 가치 창조로 이어지리라 믿어 의심치 않습니다. 처음 책을 펼치고 마지막 책을 덮는 순간 느낄 수 있는 말로 표현할 수 없는 기쁨을 여러 사람들과 함께 하고 나누고 싶습니다.

좌용주
경상대학교 지구환경과학과 교수
문화재청 문화재 전문위원

지구마을을 이해하고 사랑하기 위한 마중물

국민교복이라고도 불리는 노스페이스 점퍼, 어느 나라 상표일까요? 미국 상표이지만, 중국에서 생산하는 제품이 많지요. 신발은 어떤가요? 아디다스, 퓨마 같은 상표는 모두 독일 회사이고, 생산은 동남아시아와 중국에서 많이 하지요. 외식을 했으면 하는 레스토랑인 아웃백은 미국 회사이지만, 음식의 주된 재료나 회사의 이미지는 호주 것을 사용하지요. 내 몸에 두르고 있는 것, 내가 먹는 것들이 한국의 것보다 다른 나라의 것들이 훨씬 많아졌지요. 이젠 한국이 아닌 다른 나라들이 아주 먼 나라라기보다는 지구라는 큰 마을의 다른 마을이 되어 버린 세상이 되었어요.

지구마을에서 우리나라는 어떤 위치에 있을까요? 우리나라의 경제규모는 지구마을에서 매우 높은 수준이고, 선진국만 가입할 수 있다고 하는 OECD에도 속해 있습니다. 또한 우리나라는 G20에도 속해 있고 정상회의도 열었습니다. 지구마을 대통령이라고 하는 유엔사무총장은 바로 우리나라 사람이기도 하지요. 그것뿐인가요? 우리나라는 지구마을에서 최초로, 그리고 지금까지 유일하게 원조를 받는 나라에서 원조를 주는 나라로 변한 나라이기도 합니다. 원조를 받고 있는 많은 나라들이 우리나라를 모델로 삼고 열심히 노력하고 있습니다. 지구마을 속에서 우리나라는 참으로 중요한 역할을 하고 있는 것이지요.

그런데 정작 우리나라에 살고 있는 청소년 여러분들은 어떠한가요? 우리나라가 지구마을 속에서 차지하는 중요한 영향력만큼, 지구마을을 잘 이해하고, 그 속에 사는 마을 사람들을 배려하고 사랑하고 있나요?

〈내셔널지오그래피 청소년 글로벌 교양지리〉 시리즈는 지구마을을 잘 이해하고, 그 속에 사는 마을 사람들을 배려하고 사랑하기 위한 소중한 마중물 같은 책들입니다. 마중물이란 오래전 펌프로 물을 뿜어내서 쓰던 시절, 펌프질을 하기 전에 먼저 붓는 한 바가지 정도의 물을 말합니다. 적은 양의 물이지만, 펌프 속의 많은 물들을 이

끌어 내는 중요한 역할을 하는 물이지요.

각 권마다 약 500장씩 수록된 사진자료만 해도 마중물 역할을 다하기에 충분합니다. 더군다나 단순한 사실의 나열을 넘어 동양과 서양, 정치 · 경제 · 사회 · 문화 · 역사 · 신화 · 지형 등 다양한 지식들을 씨줄과 날줄로 엮어 청소년 여러분의 머릿속에 좌악 펼쳐 놓을 것입니다.

〈내셔널지오그래피 청소년 글로벌 교양지리〉 시리즈를 통해 지구마을을 더욱더 잘 이해하고 그 속에 사는 사람들을 배려하고 사랑할 수 있으면 좋겠습니다. 이 책을 통해 얻는 지구의 다양함을 풀어 가는 과정 속에서 더 많은 책을 읽고, 더 다양한 경험을 했으면 좋겠습니다. 그래서 지구마을에서 우리나라가 가지는 영향력만큼 우리 청소년 여러분도 지구 시민으로 자랄 수 있는 글로벌한 자질과 능력을 가지게 되길 바랍니다.

아! 그런데 그거 아시나요? 이 지구마을에는 펌프가 있어도 이 한 바가지의 마중물이 없어서 더 많은 물을 끌어올릴 수 없는 나라가 아직도 많다는 사실을 말입니다 그런 면에서 〈내셔널지오그래피 청소년 글로벌 교양지리〉 시리즈는 우리에게 참 소중하고 귀중합니다. 그리고 이런 책을 볼 수 있다는 것 자체가 큰 행복입니다. 이 책을 보는 청소년 여러분이 스스로 읽고, 느끼는 것을 넘어, 주변의 마중물이 필요한 친구들에게 소개도 해 주고, 함께 이야기도 나누었으면 좋겠습니다.

이 지구마을은 함께 살아가야 할 곳이기 때문입니다.

전국지리교사모임

꿈을 이루고자 하는 청소년들의 자양분

오늘날, 세계는 빠르게 변화하고 있고, 각 나라들의 상호 의존성이 점차 높아지면서 세계에 대한 정보의 필요성이 더욱 증대되고 있습니다. 이 책은 국제화, 세계화 시대에 살아가는 시민으로서, 청소년들이 세계에 대한 학습의 필요성을 인식하고, 세계 여러 지역의 정보와 지역의 특성들을 이해하는 데 도움을 주고자 기획되었습니다.

세계화에 능동적으로 대처하고 세계 문화를 선도할 수 있는 시민으로 커 나가기 위해서는 세계 각 지역 사람들의 행동과 사고를 바르게 이해하는 것이 필요합니다. 따라서 그들이 살아가고 있는 지역의 환경과 그것을 토대로 형성된 역사와 문화, 산업 및 사회 구조, 주변국과의 상호관계, 지역의 당면 문제 등을 종합적으로 파악할 필요가 있는 것이지요.

총8권으로 구성된 〈내셔널지오그래픽 청소년 글로벌 교양지리〉 시리즈는 지역, 국가 및 세계에 대한 올바른 가치관과 국토관, 더 나아가 세계관 정립에 도움을 주는 지구촌의 문명과 역사, 그곳에 사는 사람들, 지구촌에서 일어난 기이한 사건들, 자연 풍광 등의 다채로운 최신 정보와 지식을 생생한 사진과 함께 전하고 있습니다.

세계 8대 고대 문명의 역사, 사회문화, 예술, 과학기술 등을 상세하게 조명한 1권 《사라진 고대 문명》, 세계 문명의 기적을 이룬 100곳을 선정하여 문화 • 역사적인 의미를 살펴본 2권 《세계 문명 순례》, 한국을 포함한 유네스코 세계유산 100여 곳을 선정해 소개하고 있는 3권 《유네스코 세계유산》은 인류 역사의 소용돌이 속에서 일궈낸 문명에 관한 이야기입니다. 또 500여 장의 사진을 통해 각국의 풍경, 명소, 명승고적, 문화, 풍속, 도시 등을 생생하게 전달한 4권 《세계의 여러 나라》와 세계 각지의 신비한 자연 경관 100곳을 소개한 5권 《세계의 경이로운 자연》은 청소년들에게 지구의 지리 환경을 보는 눈을 틔워 줄 것입니다. 한 걸음 더 나아가 각 분야별로 '최고' 의 자리를 차지하고 있는 인문 상식이 흥미롭게 펼쳐진 6권 《이것이 세계 최고》, 수많은 문헌과 자료, 고고학적 발견과 최신 연구 성과를 바탕으로, 지리, 자연, 생물, 보물, 지구 밖의 문명 등 역사상 최고로 손꼽히는 미스터리들을 짚어 본 7권 《지구의 미스터리》, 세계에서 가장 아름다운 휴양천국 100곳을 조명한 8권 《세계의 파라다이스》는 인문과학과 자연과학을 종횡무진하며 독자들에게 신선하고 알찬 지식을 전달할 것입니다.

〈내셔널지오그래피 청소년 글로벌 교양지리〉 시리즈는 인문교양 지식뿐만 아니라, 탐구 사고력과 사회 문제 해결 능력도 함께 키워 주는 충실한 대안교과서의 역할을 톡톡히 해냅니다. 정보의 바다를 항해하는 청소년들이 가장 어려워하는 일이 있다면 그 바다에 널려 있는 엄청난 정보 가운데 진정 가치 있고 정확한 정보를 가려내는 일일 것입니다. 글로벌한 교양지리적 소양은 단기간에 형성되는 것이 아닙니다. 오랜 시간, 정선된 정보를 꾸준히 접해 오는 가운데 균형 있는 가치관과 세계관이 자리 잡히는 것이지요. 하여 공평하고 객관적인 관점을 확보하여 한 지역을 전체로서 종합적으로 이해하고 비판적으로 분석하기 위해서는, 부정확하고 무가치한 자료들을 걸러내고 배제하는 가운데, 가장 정제된 콘텐츠만을 골라 꾸준히 접하는 것이 바람직합니다. 〈내셔널지오그래피 청소년 글로벌 교양지리〉 시리즈는 각 권 주제 선정과 텍스트 구성, 그림, 사진 등의 자료 선정에 있어 최선을 기울여 정제된 콘텐츠만으로 구성된 시리즈입니다. 한국의 청소년들이 인문지리적 이해를 통해 합리적이고 바람직한 사고력을 지닌 세계시민으로 성장하는 데 있어 〈내셔널지오그래피 청소년 글로벌 교양지리〉 시리즈는 그 두둑한 밑거름을 제공할 것입니다.

내셔널지오그래피 편집위원회

CONTENTS
차례

ASIA

EUROPE

AFRICA

NORTH AMERICA

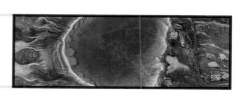

SOUTH AMERICA

OCEANIA

INTRODUCTION
개요

세계유산 소개

수천 년의 세월이 흐르는 동안 인류의 수많은 유적이 먼지가 되어 사라졌다. 한 나라의 힘만으로 문화재와 유적을 보존하기란 이미 불가능한 일인지도 모른다. 이에 1950년대에 국제 사회가 나서서 이집트 누비아Nubia 지역의 유적과 역사 유물을 성공적으로 보호한 사례는 문화 유적 보호 운동의 새 장을 연 계기가 되었다.

1972년 11월 제17회 유네스코UNESCO 총회에서 세계의 문화유산 및 자연유산의 보호에 관한 협약Convention Concerning the Protection of the World Cultural and Natural Heritage, 즉 세계유산 협약이 체결됨으로써 세계의 문화, 자연유산에 대한 명확한 정의가 내려졌다. 세계유산의 개념 역시 이때 탄생한 것으로 볼 수 있다.

세계유산 협약은 전 세계적으로 영향력을 미치는 국제 규범의 성격을 띠며, 특별한 의의와 뛰어난 가치가 있는 역사 유적과 자연 경관을 지정하여 국제 사회 전체가 이를 적극적으로 보호하도록 하는 역할을 담당한다.

'세계유산'은 크게 '문화유산Cultural Heritage', '자연유산Natural Heritage', 그리고 문화유산과 자연유산의 특징을 동시에 충족하는 '복합유산Mixed Heritage'으로 구분한다.

이집트 아부심벨 신전 (Abu Simbel Temple) 의 람세스 2세 조각상. 온화한 표정으로 굴곡 많은 속세의 변화를 응시하고 있다.

1) 문화유산 ©

세계유산 협약은 문화유산과 자연유산 등재 기준을 정하여 이를 충족할 때 세계유산으로 등재하는 방식을 제시한다. 이 가운데 문화유산 지정과 관련된 부분은 다음과 같다.

① 기념물: 역사, 예술, 과학 분야에서 뛰어난 가치가 있다고 인정받는 건축물, 조각, 회화를 비롯해 고고학적 의의가 있는 명문銘文: 금석(金石)이나 기명(器皿) 따위에 새겨 놓은 글, 동굴, 주거지 및 각종 문물의 총체

② 건조물군: 역사, 예술, 과학 분야에서 그 건축 양식, 동일성, 주변 경관 가운데 차지하는 위치 등이 뛰어난 가치가 있다고 인정받는 단일 또는 상호 연관 관계가 있는 건조물군

③ 유적지: 역사, 미학美學, 인종학人種學, 인류학 분야에서 뛰어난 가치가 있다고 인정받는 건설 공사 또는 인간과 자연의 조화가 두드러진 고고 유적

2) 자연유산 Ⓝ

자연유산 지정과 관련된 등재 기준은 다음과 같다.

① 미학, 과학 분야에서 지형과 생물체가 어우러진 구조 또는 이러한 유형의 구조로 이루어진 대자연 가운데 뛰어난 가치가 있다고 인정받는 자연 경관

세계유산 협약World Heritage Convention 로고

중앙의 정방형 사각형은 인류의 창조물, 둥근 테두리는 대자연을 나타내며, 문화유산과 자연유산이 상호 의존 관계임을 강조하기 위해 서로 연결되어 있다. 지구를 상징하는 이 원형의 로고에는 세계 각국이 적극적으로 지구촌 보호에 나서야 한다는 의미가 부여되어 있다.

누비아 신전의 이전

1959년 이집트 정부가 나일 강 연안의 나세르 호Lake Nasser 저수지 공사를 감행하면서 이집트 남부 누비아 지역에 있는 대규모 고대 유적이 수몰될 위기에 처했다. 당장이라도 어떠한 조치를 취하지 않으면 이 진귀한 문화유산들이 모두 저수지 밑으로 사라질 운명이었으나 당시 이집트 정부는 문물과 유적을 보호할 여력이 없었다. 이에 유네스코가 1960년에 누비아 문명이 인류 공동의 문화유산임을 제기하며 전 세계가 이 문화유산을 보존하는 데 동참할 것을 호소했다. 유네스코의 호소에 자극을 받은 세계 각국이 적극적으로 구조에 나섬에 따라 아부심벨 신전과 필라에 섬Philae Island 등 유적지 20여 곳이 안전한 곳으로 이전되는 등 문화유산 보존 작업이 순조롭게 이루어졌다.

② 과학, 환경 보호 분야에서 뛰어난 가치가 있다고 인정받는 지질 구조, 지형, 또는 멸종 위기에

　처한 생물이 서식하고 있음이 입증된 생태 지구

③ 과학, 환경 보호, 자연미학적 관점에서 뛰어난 가치가 있다고 인정받는 명승지

3) 문화·자연 복합유산

　복합유산은 문화와 자연 두 영역에서 동시에 그 가치를 인정받은 유산을 가리킨다. 대자연과 인류 문화는 오랜 기간 대립적 관계로 오인되어 인류가 자연을 정복하는 행위는 위대한 업적으로 여겨졌다. 그러나 세계유산 협약은 이러한 이론을 정면으로 부정하며 인류 생존을 위해서는 자연과 문화가 반드시 조화를 이루어야 한다는 개념을 확립했다.

인도 타지마할(Taj Mahal). 좌우 대칭, 조화의 미 등 이슬람 건축의 특성을 고스란히 계승한 타지마할은 인도 무굴 왕조 시대의 대표적 건축물로 꼽힌다. 맑고 투명한 수면 위에 거꾸로 비친 건물과 나무의 그림자를 보고 있으면 인류의 창조물과 대자연의 기막힌 조화가 느껴진다.

세계 문화유산

인도 카주라호 기념물 군(Khajuraho Group of Monuments). 10~13 세기 북인도를 지배한 찬델라 왕조 시대의 석각 신전 건축군으로, 힌두교 사원 22곳이 있다. 생동감 넘치는 천태만상의 조각상은 고대 인도 예술의 정수를 보여 준다.(I . III)

세계 문화유산으로 지정되려면 반드시 다음의 여섯 가지 등재 기준 가운데 적어도 한 가지 이상을 만족해야 한다.

I. 독특한 예술적 업적을 대표하는 작품으로서 창조성이 두드러진 걸작

II. 시대적 또는 문화적 특성을 대표하는 건축 예술, 도시·경관 설계 등의 분야에서 중요한 영향을 끼친 사물

III. 이미 소실된 문명, 문화 전통의 일면을 입증할 수 있는 독특한 문물

IV. 역대 특정 건축 양식을 대표하는 걸작

일본 히로시마(Hiroshima) 원폭 유적. 1945년 8월 6일 미국이 투하한 원자폭탄이 이 건물의 상공 동남 방향 160미터, 높이 580미터 지점에서 폭발한 것으로 알려졌다.(VI)

Ⅴ. 인류의 전통적인 거주지, 용지로 인정받은 지역 가운데 문화적 특성이 두드러지고 인류 문명의 발전 과정에 따라 점차 소실될 가능성이 있는 곳
Ⅵ. 특정 사건, 전통, 사상, 신앙, 예술 작품과 직접 관련이 있는 문물(이 항목은 특수한 정황을 인정받거나 또는 기타 등재 기준과 함께 채택될 때 비로소 '세계유산 목록'에 지정되는 요건이 될 수 있다.)

사진에 소개된 곳들은 상술한 조건 가운데 적어도 한 가지 이상을 만족하여 세계 문화유산으로 지정된 곳으로, 괄호 안의 로마 숫자는 부합하는 등재 기준을 표시한 것이다.

중국 쑤저우 전통 정원(Classical Gardens of Suzhou). 세계 문화유산의 등재 기준 여섯 가지를 모두 만족하는 유적지로, 명·청 시대의 전통 정원이 대거 보존되고 있다. 특히 산수(山水)의 운치를 잘 표현한 것으로 평가받는다. 그림에 보이는 왕스위안(網師園)은 정자와 연못이 어우러진 가운데 아름다운 화초와 나무, 바위들로 아름답게 꾸며져 있다.(Ⅰ.Ⅱ.Ⅲ.Ⅳ.Ⅴ.Ⅵ)

모로코 메크네스 역사 도시(Historic City of Meknes). 알라위 왕조의 물라이 이스마일 왕이 건축한 성으로 불패의 위용을 자랑한다. 현존하는 성벽의 거대한 문을 통해 당시 화려했던 고성의 모습을 그려볼 수 있다.(Ⅳ)

아그라 요새(Agra Fort). 자무나 강(Jamuna)을 사이에 두고 타지마할과 마주하고 있으며, 무굴 제국의 대표적 건축물로 인정받는다. 무굴 제국의 3대 황제 악바르(Akbar) 대제가 군사 용도로 건축했으나 요새 내부의 건축물은 화려함의 극치를 보여 준다.(Ⅲ)

세계 자연유산

에콰도르 갈라파고스 섬(Galapagos Islands)의 '바다 이구아나(Marine Iguana)'. 육지에서 멀리 떨어져 있는 갈라파고스 섬은 독특한 생태 환경이 형성되어 생물체의 고유한 진화 방식을 엿볼 수 있다. 이곳에 서식하는 희귀 생물은 다윈의 '진화론'에 영감과 근거를 제공했다. 그림에 보이는 바다 이구아나는 해조류를 주로 먹고 사는 갈라파고스 섬의 희귀 생물 가운데 하나이다.(Ⅰ, Ⅱ, Ⅲ, Ⅳ)

세계 최고봉 에베레스트(Everest). 네팔어로는 '사가르마타(Sagarmatha)'라고 하며, 역시 '세계 최고봉'이란 뜻이다. 티베트어로는 '초모랑마'라고 하는데, 이는 '신의 어머니'란 뜻이다.(Ⅲ)

탄자니아의 세렝게티 국립공원(Serengeti National Park). 야생 동물의 천국으로 불리는 이곳에는 수많은 야생 동물이 서식하고 있다. 우기(雨期)가 시작되면 아프리카 소과 동물 누(gnu)의 개체수가 300만 마리까지 불어난다.(Ⅳ)

세계 자연유산으로 지정되려면 반드시 다음의 등재 기준 네 가지 가운데 적어도 한 가지 이상을 만족해야 한다.

Ⅰ. 지구 변천사 가운데 주요 단계를 입증할 수 있는 명확한 근거
Ⅱ. 현재 진행 중인 지질 변화, 생물 변천을 비롯해 인류와 자연의 상호 관계를 입증할 수 있는 명확한 근거
Ⅲ. 독특하고 희귀한 자연 현상, 지형, 매우 보기 드문 수려한 자연 경관이 있는 지역
Ⅳ. 희귀 생물, 또는 멸종 위기에 놓인 생물의 서식지

소개된 곳들은 상술한 조건 가운데 적어도 한 가지를 만족하여 세계 자연유산으로 지정된 곳으로, 괄호 안의 로마 숫자는 부합하는 등재 기준을 표시한 것이다.

문화 경관과 위기의 세계유산

　'문화 경관Cultural Landscape'이란 개념은 1992년에 열린 유네스코 세계유산 위원회 제16차 총회에서 제기되어 1994년에 공식 채택되었다. 이로써 세계유산은 문화유산, 자연유산, 문화·자연 복합유산, 그리고 문화 경관 등 네 종류로 구분할 수 있다. '문화 경관'은 세계의 문화유산 및 자연유산의 보호에 관한 협약 제1조에 명기된 바에 따라 '인류와 대자연의 공동 작품'이어야 한다. 중국의 '루산 산 풍경 지구廬山風景名勝區' 등이 여기에 해당한다.

　세계 문화유산과 자연유산 지정은 그 목록에 이름을 올리는 데 연연해하기보다는 국제 사회가 인류의 공동 유산을 적극적으로 보호하는 세심한 작업이라고 볼 수 있다. 이러한 차원에서 '위기의 세계유산' 지정은 매우 중요하다. 세계유산 위원회는 기존에 등재된 유산의 보호 현황에 변화가 생기면 우선 시정 조치를 취하도록 촉구하고, 그 노력의 효과가 미미할 경우 '위기 유산'으로 지정하도록 규정하고 있다. 유산이 그 가치를 상실하고 환경이 더욱 악화되는 상황을 막을 수 없다면 제명할 수 있다.

캄보디아의 사원 건축 앙코르와트(Angkor Wat). 캄보디아 내전으로 크게 파괴되었으나, 1991년 내전이 종식된 후 유네스코의 후원을 받아 활발하게 보호 작업이 진행되었다.

ASIA

유네스코 세계유산
아시아

에 상상력과 생동감 넘치는 정교한 조각이 새겨진 것이 특징이다.

앙코르의 고건축물은 802년부터 건축되기 시작했다. 당시 크메르 제국을 통일했던 자야바르만 2세Jayavarman Ⅱ가 앙코르를 수도로 정하고 나서 대규모 건축 사업을 진행했던 것이다. 이 건축 사업은 400여 년 동안 지속되어 1201년 자야바르만 7세의 재위 기간에 비로소 완공되었다. 그러나 1431년에 시암Siam: '타이'의 옛 이름 군대에 점령당하면서 크게 파괴되어 앙코르 왕조는 수도를 프놈펜으로 이전했다. 결국 앙코르 유적은 1861년에 프랑스 고고학자 앙리 무어가 발견하기 전까지 잡초와 수목에 뒤덮여 오랜 시간을 보냈다.

앙코르와트는 캄보디아 3대 사원이며, 수리아바르만 2세Suryavarman Ⅱ의 능묘로 앙코르 유적 건축물 가운데 유일하게 서쪽을 향하고 있다. 브라만교Brahmanism의 풍습에 따라 정면이 동쪽을 향하면 시엠레아프 강과 인접한 도로 때문에 종교 의식을 거행할 수 없기 때문이었다.

12~13세기에 걸쳐 건축되었고, 사방 거리가 약 5킬로미터에 달할 정도로 넓은 부지에 190미터 너비의 참호塹壕, 성 둘레의 구덩이가 주변을 둘러싸고 있으며, 총 면적이 60제곱킬로미터에 달한다. 전체적으로 사각형을 띠며, 안에는 사각형 콜로네이드가 겹겹이 층을 이루고 있다. 또한 사원 안의 3층 기단基壇 중앙에는 높이 42미터의 대형 첨탑을 비롯해 탑 다섯 개가 조화롭게 들어서 있다.

앙코르와트는 용의 부조浮彫, 조각에서 평평한 면에 글자나 그림을 도드라지게 새기는 일가 있는 콜로네이드건축에서, 수평의 들보를 지른 줄기둥이 있는 회랑로 유명하다. 특히 부조 조각이 수를 놓고 있는 800미터 길이의 회랑回廊, 어떤 부분을 중심으로 하여 둘러댄 벽은 인도 불교의 신화를 주 소재로 삼았고 그 밖에 크메르 전쟁과 일반 주민들의 일상을 표현한 것도 있다. 뛰어난 표현 기술과 심오한 내용은 지금도 감탄이 절로 나오게 한다.

앙코르와트에서 가장 중요한 건축물은 사원 안 3층 기단의 성탑이다. 오밀조밀한 건축물이 빼곡하게 들어서 있는 사원 안에서 성탑의 기세는 더욱 웅장함을 자랑한다. 앙코르와트 성탑의 도안은 캄보디아 국기를 장식할 정도로 대표적인 캄보디아의 상징이 되었다.

앙코르와트에서 4,000미터 정도 떨어진 앙코르톰은 크메르 제국의 유적지로, 길이 3,000미터, 면적 10제곱킬로미터의 정방형 구조이다. 붉은 돌을 잘라 쌓은 성벽

저녁놀이 비쳐 황금빛
으로 물든 앙코르와트.

은 높이가 7미터, 두께가 3미터 80센티미터에 달하며, 성문 다섯 개 중 네 개의 앞에는 20미터 높이에 각각 얼굴이 네 개인 인도 시바Siva 신상이 자리하고 있다. 나머지 문은 왕궁으로 직통하는 '승리의 문'이다. 성벽 주변을 넓고 깊은 해자성^{주위에 둘러 판 못}가 에워싸고 있으며, 성문 밖에는 15미터 너비의 다리가 설치되어 있다. 다리 양쪽으로 2미터 높이의 석조 신상 27개가 세워져 있는데, 각각 손에 돌로 만든 뱀을 쥐고 있고 뱀의 머리와 꼬리가 서로 이어지면서 일종의 난간을 형성한다.

앙코르톰의 중심에 자리한 바이욘 사원은 불교 사찰로, 9세기경에 건축되었다가 11세기에 수리아바르만 1세가 중건했다고 한다. 지면에서 3미터 50센티미터 높이에 세워진 2층 기단 중앙에는 보탑寶塔, 귀한 보배로 장식한 탑 열여섯 개가 세워져 있다. 이 탑들은 당시 크메르 제국의 성 16개를 상징하는 것으로, 국왕의 위엄을 전국에 과시하려는 의도가 담겨 있다. 탑의 몸체는 정교한 조각들로 가득하다. 2층 기단의 정중앙에는 도금한 보탑 세 개가 세워져 있고, 기단 사방으로 석탑 48개가 마치 산처럼 둘러 있다. 또한 기단 주변에 있는 사각형의 콜로네이드는 부조로 수를 놓고 있다.

이처럼 수준 높은 기술과 역사적 가치가 높은 유적이 지금은 크게 훼손되어 당시의 찬란했던 면모를 찾아보기 어려운 점이 안타까울 뿐이다.

파포스의 고고 유적

Paphos | Ⓝ 키프로스 Ⓨ 1980 Ⓗ C(Ⅲ, Ⅵ)

키프로스는 동지중해에 있는 섬나라이다. 지중해 3대 섬 국가로 꼽히는 키프로스는 터키 남쪽, 시리아 서쪽에 자리하고 있으며, 아시아, 아프리카, 유럽 3개 대륙을 잇는 해상 교통의 요충지이다. 해안선의 길이가 537킬로미터에 이르며, 면적은 9,251제곱킬로미터이다. '키프로스'는 그리스어로 '구리가 나는 섬'이란 뜻이며, 미의 여신 아프로디테가 태어난 섬으로 유명하다.

파포스는 신·구 지역으로 나뉘며, 구파포스는 지금의 피르고스Pyrgos 지역에 해당한다. 기원전 1200년경 키니라드 왕국 시기에 아프로디테 신전이 건립되었는데, 중앙에 거대한 본전과 그 양쪽으로 측랑側廊이 있고 방이 100여 개 있다.

크티마 남쪽으로 2킬로미터 떨어진 해변에 자리하고 있는 신파포스는 프톨레마이오스 통치 시대와 로마 시대의 수도로, 구파포스보다 규모가 매우 컸다. 로마에 귀속되고 나서 대대적으로 아프로디테 신전을 건축했지만, 기독교의 영향으로 점점 황폐화되었고 지금은 유적만이 남아 있다.

이곳에서는 고대 로마 시대의 극장 유적도 발굴되었는데, 기원전 2세기경에 건축된 것으로, 1,250명 정도를 수용할 수 있었다.

기원전 12세기경 구파포스에 발생한 강진으로 이 일대는 폐허로 변했다. 지금은 거대한 석벽 잔재와 원기둥 조각, 모자이크 흔적만이 남아 있다.

바쿠 성곽 도시

Walled City of Baku with the Shirvanshah's Palace and Maiden Tower | N 아제르바이잔 Y 2000 H C(IV)

아제르바이잔의 수도 바쿠는 역사가 유구한 고도이다. 11세기 건축물 시니크 칼라Synyk Kala 이슬람 사원을 비롯해 12세기에 지어진 메이든 타워Maiden's Tower, 소녀의 탑, 13세기에 지어진 요새 성곽, 15세기의 시르반샤 궁전Shirvan Shah Palace, 17세기 칸 Khan의 궁전 등이 지금까지도 양호한 상태로 보존되고 있다.

12세기 칸 궁전의 일부로 알려진 메이든 타워는 바쿠 구시가지 중심에 자리하며

메이든 타워. 원통형 부분이 북쪽. 뒤에 돌출된 날개 부분이 남쪽을 향하고 있어, 겨울에 차가운 바람을 막아 주고 여름에는 시원한 바람이 성 안까지 들게 한다.

카스피 해 해변에 인접해 있다. 높이 27미터의 원통형 8층탑으로, 각 층에 50여 명을 수용할 수 있고 뜨거운 물을 붓거나 불타는 횃불을 던져 적의 공격을 막는 장비들을 갖추고 있었다. 탑 안에는 사계절 내내 청량한 물을 맛볼 수 있는 우물이 있다.

1304년에 강진이 발생해 주변의 모든 건축물이 무너져 내렸는데도 이 탑만은 무사했다. 메이든 타워는 '소녀의 탑'이란 뜻이며, 그 이름의 유래에 대해서는 설이 분분하다. 서로 사랑하는 두 연인이 있었는데, 남자는 가난하고 여자는 부유한 집안의 딸이었다. 여자의 아버지는 두 사람의 결혼을 반대해 딸을 이 탑에 가두었고 딸은 자신의 사랑을 증명하기 위해 탑에서 투신했다. 거친 파도가 몰아치는 카스피 해가 그녀의 몸을 삼켜버리자 상심한 남자도 주저 없이 여자의 뒤를 따랐다고 한다. 또 한편으로는 이곳에 전쟁이 발생하자 어린 소녀들을 이 탑에 숨겨 적에게 유린당하지 않도록 했다는 설이 전해진다.

엘로라 석굴

인도 마하라슈트라(Maharashtra) 주 아우랑가바드 시 서북쪽 30킬로미터 지점

Ellora Caves | N 인도 Y 1983 H C(Ⅰ, Ⅱ, Ⅲ, Ⅳ, Ⅵ)

4세기 중엽부터 11세기에 걸쳐 조성된 엘로라 석굴은 석굴 34개로 구성된다. 남북 길이가 1,500미터에 달하며 서쪽을 바라보고 있다. 고대 인도의 불교, 힌두교, 자이나교 등 3대 종교 예술이 고루 나타난다.

제1~12굴까지는 불교 석굴로 최남단에 있다. 석굴 안에 사찰, 불상, 강단 등을 비

힌두교 석굴 카일라사나타(Kailasanatha) 사원. 17미터 높이의 석주가 중앙에 우뚝 솟아 있고 머리 없는 코끼리 조각상이 오른쪽에 자리하고 있다.

롯해 석가모니 조각상이 있다. 특히 높이 8미터, 직경 4미터의 사리탑이 있는 제10굴이 가장 유명한데, 사리탑은 장엄한 불상들로 둘러싸여 있다.

제13~29굴까지는 힌두교 석굴로 7~9세기에 걸쳐 조성되었다. 힌두교는 다양한 신의 모습을 형성화한 신상들이 눈길을 끌며, 그 가운데 시바 신과 비슈누vishnu 신이 가장 많은 비중을 차지한다. 제30~34굴은 자이나교 석굴로 8~10세기에 조성되었다.

3대교의 예술이 한 자리에 모인 엘로라 석굴은 아잔타 석굴처럼 역사가 유구하지는 않지만 석굴 안의 벽화와 조각들은 높은 가치를 인정받고 있다.

아그라 요새

인도 뉴델리(New Delhi) 남쪽 200킬로미터 지점 자무나(Jamuna) 강 강변

Agra Fort | **N** 인도 **Y** 1983 **H** C(Ⅲ)

인도 무굴 왕조의 3대 왕이었던 아그라는 재위 기간에 인력과 물량을 대거 동원해 8년에 걸쳐 아그라 성을 건축했다. 1573년에 완공된 이 성은 성벽과 성문에 모두 붉은 사암砂巖을 사용해서 '붉은 성'이라고 불리기도 한다.

불규칙한 팔각형이며 남북 길이 915미터, 동서

아그라 성 안의 궁전은 대부분 정교한 조각과 진귀한 보석들을 이용하여 장식한 화려함의 결정체이다.

너비 548미터, 높이 33미터 규모로 대리석과 진귀한 석재들이 많이 사용되었다. 아그라 성은 내궁과 외궁으로 나뉜다. 내궁은 주로 유희를 즐기는 장소였고 외궁은 대공, 대신, 외국 사절들을 접대하는 장소였다. 아그라 성에서 가장 화려한 건축물에 해당하는 자한기르Jahangir 궁전은 정면이 완벽한 대칭을 이루며 양측 상단에 작은 탑이 세워져 있다. 중앙 홀은 전통 인도 방식인 장방형이며, 그 밖에 붉은 사암 성벽으로 이루어진 궁전 외벽은 표면의 흰 대리석 장식이 돋보인다.

아쉽게도 아그라 성안에는 아그라 시대의 유적이 그리 많이 남아 있지 않다. 아그라 왕의 손자이자 무굴 왕조의 제5대 왕이었던 샤 자한Shah Jahan이 궁전을 임의로 철거하고 개축하는 등 아그라 시대의 건축물을 많이 훼손했기 때문이다.

아잔타 석굴

인도 아우랑가바드(Aurangābād) 북쪽 106킬로미터 지점

Ajanta Caves | N 인도 Y 1983 H C(Ⅰ, Ⅱ, Ⅲ, Ⅵ)

아잔타 석굴 벽화. 석회 바탕에 쇠똥과 왕겨의 혼합물을 바르고, 가공한 광물질과 식물 분말 등을 염료로 사용해 화려한 색감을 자랑한다.

아잔타 석굴은 인도 불교도가 조성한 불전佛殿과 승방僧房이다. 산스크리트어에서 유래한 '아잔타'는 '무상', '무념'이란 뜻이다. 기원전 3세기 아쇼카Ashoka 왕 시대에 조성하기 시작해 1000여 년 동안 지속되다가 인도에서 불교가 점점 쇠퇴하면서 황폐화되었다. 1819년에 이 근처로 사냥을 나왔던 영국 장교가 우연히 다시 발견하면서 세계에 그 명성이 알려졌다.

29개의 동굴로 구성된 석굴 안에는 아름다운 조각과 벽화가 가득한데, 창작 시기가 모두 달라 시대적 특성과 개성이 강하게 드러난다. 불상과 콜로네이드 기둥은 석재를 조각한 것으로 각각의 기둥과 천장에도 부조가 빼곡하다. 부조의 소재로는 제자들에게 불도를 전하는 석가모니의 모습, 손에 화환을 든 신녀와 작고 귀여운 동물, 각종 꽃과 식물 등으로 이뤄진 도안이 사용되었다. 특히 7세기에 만들어진 제1호 석굴 안에는 약 3미터 높이의 석가모니 상이 있다. 대승불교大乘佛敎 건축물의 전형으로 칭송받는 이 불상은 정면에서 보면 깊은 사색에 빠진 모습이고 왼쪽에서 보면 미소를 띠고 있으며, 오른쪽에서 보면 어딘가를 응시하는 듯하다.

아잔타 석굴의 벽화는 천년의 역사를 지닌 인도 벽화의 최고작이다. 비록 세월의 풍파를 견디지 못하고 훼손된 부분이 많지만, 지금까지 전해 내려오는 일부 벽화는 세계적으로 그 가치를 인정받고 있다. 주로 불경의 내용에서 소재를 얻어 종교적 성향이 강하며 예술적 수준과 역사적 가치가 매우 높다.

후마윤 무덤

인도 뉴델리 남동쪽 외곽 자무나 강변

Humayun's Tomb, Delhi | N 인도 Y 1993 H C(II, IV)

후마윤은 무굴 왕조의 제2대 제왕이다. 1562년에 그의 왕비 하지 베굼Haji Begum이 짓기 시작해 9년 만에 완공되었으며 무굴 왕조의 무덤 가운데 최고로 평가받는다.

초기 무굴 왕조의 제왕들은 모두 탁월한 건축가였다. 후마윤은 왕위에 오르고 나서 아프가니스탄에 패해 페르시아로 쫓겨 간 적이 있었다. 나중에 페르시아의 도움으로 다시 왕위에 올랐는데, 이때부터 인도의 정치, 경제, 종교 모든 분야에 페르시아의 영향이 미치게 되었다. 후마윤의 무덤은 이슬람식 대형 능묘로 사방 거리가 약 2,000미터에 달하는 방대한 규모를 자랑한다. 사면이 동일하게 설계되었으며, 정중앙에 자리한 정방형의 묘실은 높은 장방형 석대 위에 놓였고 모두 붉은 사암을 사용했다. 묘실의 점유 면적은 40제곱미터이며 묘실 내부는 방사형이다. 외부에 건축된 높이 22미터의 팔각형 궁과 서로 통하도록 설계되었고 무덤 위에 양쪽으로 팔각 정자가 있다. 중앙 묘실에는 후마윤과 왕비의 석관이 안치되어 있고 그 양쪽으로 왕자를 비롯해 무굴 왕조 중요 인물들의 석관이 있다.

후마윤 무덤은 사방의 벽에 작은 아치문이 상하 2층으로 나 있다. 중앙에는 흰 대리석 돔 지붕이 우아한 자태를 뽐내며, 돔 지붕 위로 황금색 첨탑이 솟아 있다.

산치의 불교 기념물군

인도 중부 보팔(Bhopal) 시 북동쪽 약 45킬로미터 지점

Buddhist Monuments at Sanchi | Ⓝ 인도 Ⓨ 1989 Ⓗ C(I , II , III , IV, VI)

불교 역사가 유구한 산치Sanchi는 '불탑의 도시'로 불릴 만큼 불교 유적이 많다. 100미터 높이의 작은 언덕 위에 기원전 3세기부터 12세기까지의 불탑과 사원 50여 개가 자리하며, 이 가운데 산치 대탑Great Stupa이 가장 유명하다.

직경 약 37미터, 높이 16미터의 반원형 건축물인 대탑은 본래 불사리불교의 창시자인 석가모니 유골를 묻어 놓은 돈대墩臺, 평지보다 높게 두드러진 평평한 땅였는데, 그 위에 붉은 사암으로 기반을 다지고 석제 기단과 난간을 설치한 다음, 그 위에 3층으로 개蓋: 불좌 또는 높은 좌대를 덮는 장식품으로 인도에서 햇볕이나 비를 가리기 위해 쓰던 일종의 우산를 씌웠다. 1세기경에 난간 주위에 탑문을 네 개 설치해 지금의 형태가 되었다.

이처럼 여러 대에 걸쳐 건축된 탓에 대탑에는 페르시아, 대하국大夏國: 중국 5호 16국 가운데 407년에 흉노족의 혁련발발(赫連勃勃)이 세운 나라, 그리스 등 다양한 건축, 조각 양식이 혼재한다. 고풍스러우면서도 소박한 분위기이며, 고대 불교 석각이 원래 모습 그대로 잘 보전되고 있다. 동서남북 네 방향으로 있는 탑문은 형식, 건축 규모, 조각 기술 면에서 모두 인도 예술사의 한 페이지를 장식할 만큼 뛰어난 수준을 자랑한다. 또한 좌우 대칭을 이루는 부조, 아름다운 인물 조각상, 석가모니의 일생과 초기 불교에 관련된 이야기를 다룬 회화 등 진귀한 예술품도 볼 수 있다.

인도에서 불교가 점차 쇠퇴하면서 대다수 불교 성지도 파괴되는 운명을 피할 수 없었다. 산치의 대탑은 현존하는 인도 최대의 불탑으로, 초기 인도 불교의 건축 양식을 보여 주는 매우 중요한 유적이다.

반원형의 산치 대탑. 불사리를 묻어 둔 장소로 매우 신성시되었다.

카주라호 기념물군

인도 수도 뉴델리 남동쪽 약 500킬로미터 지점 차타르푸르(Chattarpur)

Khajuraho Group of Monuments | ℕ 인도 Ⓨ 1986 Ⓗ C(Ⅰ, Ⅲ)

인도의 유명한 종교 도시 카주라호는 중세 힌두교 사원 건축과 조각 예술을 대표하는 곳이다. '카주라호'는 '야자椰子'라는 뜻의 '카주르'에서 유래한 것으로, 예전에 이곳에 야자나무가 많았던 데서 기인한다. 10세기경에 찬델라Chandella 왕조 시대의 수도였으며 인도 대도시 가운데 하나이다. 찬델라 왕조의 역대 국왕들은 950년부터 100여

높은 기단 위에 세운 사원의 모습. 지붕 위의 첨탑은 천산(天山)을 상징한다.

년 동안 사원 85개를 건축했는데 현재는 22개만 남아 있다.

카주라호에는 대대로 다음과 같은 전설이 내려온다. 오랜 옛날 카주라호에 한 제사장이 살았는데 그에게는 미모가 아주 뛰어난 딸이 있었다. 어느 날 하늘에서 내려온 달의 신이 그녀와 사랑에 빠졌다. 달의 신은 그녀에게 곧 용맹한 아들을 낳을 것이며 그 아들이 위대한 민족을 이룰 것이라고 알려 주었다. 그들의 후손이 바로 찬델라 왕조를 세워 수많은 사원을 세웠다고 한다. 카주라호 사람들은 아직도 자신들이 달의 후손이라고 믿는다.

현존하는 카주라호의 사원은 크게 동, 서, 남 세 군데로 나눠진다. 서부 사원들의 보존 상태가 가장 양호하여 사람들의 이목이 집중되며, 규모가 가장 큰 칸다리야 마하데바 사원Kandariya Mahadeva Temple도 이곳에 있다. 동부에는 자이나교 사원들과 일부 사당이 있으며 벽화와 조각들이 정교하고 아름답기로 유명하다. 찬델라 왕조 최후의 건축물은 12세기에 시바 신에게 바친 사원으로 남부에 있다.

만리장성

중국 북방에 위치. 명나라 때 축조

The Great Wall | N 중국 Y 1987 H C(Ⅰ, Ⅱ, Ⅲ, Ⅳ, Ⅵ)

화살을 쏠 수 있도록 고안된 전창(箭窓)과 천공(穿孔) 시설

'장성' 이란 단어는 중국 전국 시대戰國時代 문헌에서 처음 등장했다. 장성은 넓은 의미의 장성과 좁은 의미의 장성으로 구분해 사용한다. 광의의 장성은 중국 고대에 건축된 대형 군사 시설 축조 체계를 아우르는 말이며, 협의의 장성은 중국이 북방 유목 민족의 남하를 막기 위해 쌓은 '만리장성' 을 가리킨다.

명나라 장성은 중국 역사상 최대 규모의 건축 사업으로 최장 건축 기간이 소요되었다. 동쪽으로 랴오둥遼東 압록강 강변에서 서쪽으로 간쑤甘肅 자위관嘉峪關에 걸쳐 축조되었으며, 랴오닝遼寧, 허베이河北, 톈진天津, 베이징北京, 네이멍구内蒙古, 산시山西, 산시陝西, 간쑤 등 9개 성, 시, 자치구를 지나며 구간은 6,700킬로미터에 이른다. 명나라 장성에 사용된 돌과 토담으로 5미터 높이, 1미터 두께의 담벼락을 쌓으면 지구를 한 바퀴 돌고도 남을 정도이다. 명나라는 현대와 비교적 가까운 시기이고 당시 지어진 장성이 매우 견고해 천재와 인재를 피할 수 있었다. 덕분에 지금까지도 유적이 많이 남아 있는 상태이다. 우리가 '만리장성' 이란 이름으로 알고 있는 것은 바로 이 명나라 장성을 가리킨다.

장성은 성벽이 주체가 되는 방어 시설이다. 관문, 병영, 부병제, 돈대, 봉화, 무기고 등 군사 시설과 생활 시설을 포함하며 전투, 지휘, 통신, 정찰 등의 업무를 위해 대규모 부대가 주둔하며 삼엄한 경계 태세를 갖추었다.

전구장성(箭扣長城).
자연스러운 굴곡의 미
가 그대로 드러나 장
성을 촬영하기에 가장
적합한 장소로 인기를
끌고 있다.

장성의 가장 중요한 주체가 되는 성벽 하부는 거대한 돌로 기반을 다지고 그 양측에 15킬로그램 중량으로 자른 벽돌을 놓았으며, 중간의 빈 공간에는 자갈과 토사를 채워 넣었다. 성벽 상부는 3,4층으로 벽돌을 쌓고 석회로 틈새를 메워 견고함을 더했다. 성벽의 평균 높이는 7~8미터 정도이며 경사에 따라 다소 차이를 보인다. 성벽 기단의 평균 너비는 6미터 50센티미터이고 상단 부분은 평균 4미터 50센티미터 정도이다. 상단 부분이 넓은 경우 말 다섯 마리, 또는 병사 열 명이 일렬로 나란히 서서 지날 수 있었다. 경사가 심한 곳은 돌을 절단해 계단식으로 만들고 성벽 상단 안쪽에 50센티미터 높이의 여장성 위에 낮게 쌓은 담을 설치해 보초를 서는 병사들의 안전을 도모했다. 성벽이 비에 침수되지 않도록 배수, 저수지 시설도 갖추었다. 성벽 바깥쪽에는 높이 2미터의 망대와 화살을 쏠 수 있는 전창, 천공 시설을 마련했으며, 적과 대면하는 외벽 쪽은 적이 쉽게 오르지 못하도록 경사가 심하게 설계했다.

말굽 소리, 검이 부딪히는 소리 등 전쟁의 소음이 진동했던 이곳도 평화로운 시대에 진입하면서 군사적 가치를 점점 상실했다.

"만 리까지 뻗어 있네, 장성의 그림자. 스스로 우쭐해 어쩔 줄 모르는구나.

백성의 피와 땀이 흥건하게 젖어 있건만 천하가 네 손 안에 들었던 적이 있던가?"

강희제가 지은 이 시구에는 이러한 감회가 그대로 드러나 있다. 군사 방어 목적으로 축조된 장성은 지금은 관광 명소로서 평화의 또 다른 상징으로 자리매김했다.

라사의 포탈라 궁

중국 시짱 자치구(西藏自治區, 티베트 자치구) 라사 시

Historic Ensemble of the Potala Palace, Lhasa | N 중국 Y 1994, 2000, 2001 H C(Ⅰ, Ⅳ, Ⅵ)

'포탈라'는 '관음의 성지'라는 산스크리트어 '포탈라카普陀珞珈'에서 유래했다. 포탈라 궁은 현존하는 고대 궁전 가운데 최고의 해발고도를 자랑하며, '세계 10대 토목 건축물'로 꼽힌다. 시짱티베트자치구의 최대 궁전 성곽으로 티베트족이 이룬 건축, 회화, 종교 예술의 정수를 보여 준다.

포탈라 궁은 홍산 산紅山의 자연 지형을 그대로 살리면서 남쪽 기슭에서 정상까지 이어지도록 건축했다. 해발고도 3,764미터, 궁체의 높이 116미터, 이 가운데 홍궁紅宮은 외관상 13층이지만 안으로 들어서면 실제 9층에 불과하며 백궁白宮은 7층 규모이다. 포탈라 궁의 동서 너비는 360미터, 남북 길이는 140미터이며 건축 면적 1,300

제5대 달라이라마가 청나라 순치제를 알현하는 장면을 묘사한 벽화

포탈라 궁

제곱미터, 건축군 점유 면적은 3,600제곱미터에 달한다.

　토·석·목土·石·木 구조의 건축물로, 공간미가 뛰어난 티베트 전통 건축의 특징이 잘 드러난다. 궁전과 요새가 결합된 형태인 포탈라 궁의 외벽은 백, 황, 홍 등 밝은 색상이 두드러지는데, 이는 불교정확히 말하면 불교의 한 종파인 라마교 전통과 밀접한 관련이 있다. 백색은 평화와 평온, 황색은 충만함과 정결, 홍색은 위엄과 역량을 상징한다.

　포탈라 궁은 주종 관계가 분명하고 대비 효과가 선명하게 드러나 상징하는 바가 매우 심오하다. 달라이라마라마교의 (최고)수장가 거주하는 백궁, 그 뒤에 우뚝 솟은 홍궁, 그리고 마치 이를 빙 둘러싼 듯한 다른 건축물들의 조화에서 달라이라마의 위엄을 느낄 수 있다. 그 밑으로 오밀조밀 붙어 있는 승려들의 숙소와 민가, 마구간, 공방, 감옥 등이 강렬한 대비 효과를 보여 준다. 드넓은 전당과 작고 가는 창문, 두꺼운 성벽과 좁은 복도에도 불교의 신성함과 위엄이 살아 숨 쉬는 듯하다.

포탈라 궁의 궁체는 백궁과 홍궁 두 개의 궁전으로 구성된다. 중앙에 홍궁이 있고 백궁이 동, 남, 서 삼면에서 홍궁을 감싸며 '요凹' 자 형태를 보이고, 별도로 황색 궁전 세 개가 주변에 있다. 동서 양쪽과 전방에 각각 한 칸씩 자리한 백궁은 달라이라마가 수행하는 곳, 불탑, 불상을 배치한 곳으로 구분된다.

홍궁에는 달라이라마의 영탑전靈塔殿과 각종 불당이 자리한다. 영탑 여덟 개 가운데 5대 달라이라마와 13대 달라이라마의 영탑이 가장 화려하다. 달라이라마가 일상 생활을 영위하고 중요한 활동을 거행하는 장소인 백궁에는 승려 학교와 라마승들이 거주하는 숙소도 포함되어 있다.

포탈라 궁은 티베트 건축 예술의 전형을 보여줄 뿐만 아니라 수많은 예술품과 진귀한 문화재가 소장되어 있는 곳이기도 하다. 포탈라 궁에 들어서는 순간, 천년의 티베트 역사가 고스란히 와 닿는 것을 느낄 수 있을 것이다.

명·청 시대의 황궁

중국 베이징 시와 랴오닝 성 선양(沈陽) 시

Imperial Palaces of the Ming and Qing Dynasties in Beijing and Shenyang | N 중국 Y 1987, 2004 H C(Ⅰ, Ⅱ, Ⅲ, Ⅳ, Ⅴ, Ⅵ)

베이징 시에 있는 고궁故宮의 본래 명칭은 '자금성紫禁城, 쯔진청'으로, 명나라 영락永
樂연간에 짓기 시작해 14년에 걸쳐 완성되었다. 부지 면적 7,200제곱미터, 건축 면적
1,500제곱미터에 방이 9,000여 칸이며, 황금색 지붕과 궁전을 아우르는 푸른 해자,

7,200제곱미터에 달
하는 방대한 규모의 고
궁 전경

붉은색 담장이 세상과 완벽한 경계를 이룬다. 중국의 봉건 체제가 완전히 무너지기 전까지 500여 년 동안 명·청대의 황제 24명이 이곳에서 즉위했다. 세계 최대 규모를 자랑하는 고궁은 보존 상태가 매우 양호한 고대 왕궁 건축물이자 역사박물관으로서 가치를 인정받고 있다.

원나라를 무너뜨린 명나라는 초기에 수도를 난징南京으로 정했다. 명나라 태조 주원장朱元璋이 세상을 떠나자 베이징에 군대를 주둔시키고 있던 주체朱棣가 '정난靖難의 변'을 일으켰다. 4년에 걸쳐 내전을 벌인 그는 조카 주윤朱允에게서 황위를 빼앗고 수도를 베이징으로 천도해 궁궐을 짓기 시작했다. 영락8년1420년에 대략적인 공사를 끝냈지만 증축 공사는 계속되었다. 명나라가 멸망하고 나서 그 뒤를 이은 청나라도 자금성을 황궁으로 삼았다. 신해혁명으로 청 왕조도 역사의 무대에서 사라지

자 '자금성'은 '고궁'으로 명칭이 바뀌었다.

고궁은 전조前朝: 황제가 정무를 보던 궁정의 바깥채와 내정內廷: 왕비와 후궁이 생활하는 궁궐의 안채으로 구분되며, 건청궁乾淸宮을 기준으로 남쪽이 전조, 북쪽이 내정이다. 전조와 내정은 건축 양식도 사뭇 다르다. 황제가 신하들과 정무를 처리하고 중대한 행사가 열리는 장소였던 전조는 웅장하고 화려한 반면에 황제와 비빈들이 일상생활을 영위했던 내정은 작고 소박한 느낌을 준다. 후궁의 거처는 등급에 따라 규모, 형식, 방의 칸 수, 장식, 위치 등을 엄격하게 구분했다.

고궁의 전조는 최남단의 오문午門에서 태화문太和門, 그리고 3대 대전으로 불리는 태화전太和殿, 중화전中和殿, 보화전保和殿을 포함한다. 3대 대전 가운데

고궁 안에 비치된 구리 향로

가장 화려한 제1대전 태화전은 황제의 즉위식, 선전포고를 비롯해 중국 중요 명절의 전통 의식이 거행되던 곳으로 최고의 권위를 상징한다. 중화전은 황제가 태화전에서 중대한 의례를 거행하기에 앞서 사전 준비를 하는 장소였다. 제3대전에 해당하는 보화전은 황제가 황후와 태자를 책봉할 때 의관을 갖추던 곳이었다. 청나라 때는 정월 초하루와 정월 대보름에 황제가 대신들을 불러 연회를 베풀거나 공주가 혼인을 해 부마를 청해서 연회를 베풀 때도 보화전을 이용했다. 보화전 북쪽은 바로 고궁의 내정에 해당하는 곳으로 건청궁, 교태전交泰殿, 곤녕궁坤寧宮, 어화원御花園 등이 포함된다.

선양에 있는 고궁은 '성경고궁盛京故宮'으로도 불리는 곳으로, 청나라 태조 누르하치, 태종 황태극皇太極이 지은 황궁이다. 청나라가 베이징을 점령하기 전에 지은 것으로, 베이징으로 들어오고 나서는 배도궁전陪都宮殿: 중국에서 행정 조직상 수도(首都)에 준하는 취급을 받던 도시, 별장으로 바뀌었다. 청나라 역대 황제들은 11차례나 이곳을 방문해 조상을 알현했다고 전해지며, 확장 공사도 추진되었다고 한다. 지금은 여러 차례 보수를 거쳐 '선양 고궁 박물관'으로 개방되었고, 궁 안에는 황태극과 누르하치가 사용했던 검 등이 진열되어 있다.

시라카미 산지

일본 혼슈 섬 북부 아오모리 현(靑森縣)과 아키타 현(秋田縣) 접경지대

Shirakami-Sanchi | **N** 일본 **Y** 1993 **H** N(II)

일본은 산지 면적이 전체 국토 면적의 76%에 달할 정도로 산이 많은 나라이다. 시라카미 산지는 지금으로부터 800만 년 전 판의 이동으로 그 경계에 해저에 퇴적물이 쌓여 형성된 곳으로, 최고 해발고도가 1,243미터에 달한다. 총 면적 1,300제곱킬로미터 중 196.71제곱킬로미터에 해당하는 부분이 세계유산에 등재되었다.

산 정상이 안개와 구름에 뒤덮여 있는 시라카미 산지

대한민국 동해東海의 영향권에 들어 특수한 생태 환경이 조성되는 시라카미 산지는 산 정상이 비교적 건조해서 희귀한 고산 식물이 많이 분포한다. 특히 방대한 규모의 너도밤나무 숲은 일본 현지에서 매우 드문 생태계이다. 이 밖에 일본산양, 반달곰, 독수리 등 희귀 생물들이 서식한다.

오이라세 강(追良瀬川), 아카이시 강(赤石川) 협곡에 형성된 폭포가 장관을 연출한다.

히메지 성

일본 혼슈(本州) 섬 효고 현(兵庫縣) 히메지(姬路) 시

Himeji-jo | **N** 일본 **Y** 1993 **H** C(I , IV)

여러 영웅들이 각기 나누어 통치하던 무로마치室町 시대는 전쟁이 끊이지 않은 혼란기로, 제후들이 저마다 성곽을 건축하기에 여념이 없었다. 히메지 성은 이러한 성곽 가운데 보존 상태가 매우 양호한 몇 안 되는 건축물 가운데 하나이다.

도쿠가와 이에야스德川家康 사위 이케다 데루마사池田輝政가 지은 이 성은 총 면적이 230제곱미터이며 세 겹 나선 구조이다. 이러한 나선형 구조는 에도江戸 성과 히메지 성에서만 볼 수 있다. 제후와 그의 가족, 시종들이 거주했던 중앙 성을 중심으로 나선형 성벽을 구축했고, 하급 무사와 노예와 그 밖에 신분이 낮았던 사람들이 가장 외곽에 거주했다.

히메지 성은 매우 독창적인 건축물로 설계와 건축 수준이 뛰어나다. 석재를 주재료로 사용한 성벽, 성벽과 성문에 빼곡하게 설치된 화살, 총을 쏠 수 있는 구멍 등 견고한 방어 체계가 눈길을 끈다. 정방형 입체 구조의 성 네 모퉁이에 각각 탑 네 개가 세워져 있는데, 통일성과 다양성을 함께 보여 준다. 이러한 덴슈가쿠 건축물들은 전반적으로 마름모꼴이고 아래에서 위로 갈수록 점점 작아지는 구조여서 지진뿐만 아니라 성벽을 타고 오르는 적군을 효과적으로 막을 수 있었다. 히메지 성의 내부도 실전에 매우 유리한 구조이다. 성문에서 덴슈가쿠까지 거리는 130여 미터에 불과하지만 문을 여러 개 통과하고 구불구불한 작은 길을 따라 올라가야 해서 직선거리를 갈 때보다 몇 배의 시간이 걸린다. 또한 복도 100여 칸과 탑 38개, 문 31개, 관문 32개, 길이 984미터의 토담을 지나야 했다. 이처럼 치밀한 방어 체계를 갖추었기에 히메지 성이 비교적 완벽한 형태를 보존할 수 있었던 것으로 보인다.

히메지 성은 백색 성벽으로 유명해서 시라사기(白鷺, 백로) 성으로도 불린다. 울창한 삼림 중에 우뚝 솟은 모습과 층층이 멋진 처마가 마치 날개를 편 백로의 모습을 연상케 한다.

고대 교토의 역사 기념물

일본 교토부(京都府) 교토 시, 우지 시(宇治市), 시가 현(滋賀縣), 오쓰 현(大津縣)

Historic Monuments of Ancient Kyoto | Ⓝ 일본 Ⓨ 1994 Ⓗ C(Ⅱ, Ⅳ)

일본 혼슈 섬 남서부에 있는 교토는 역사가 유구한 문화 고도古都로, 일본 문화 예술의 요람이자 불교의 중심지, 신도神道: 일본 고유의 자연 종교의 성지이다. 781년에 일본 간무桓武 천황은 수도를 나라奈良에서 교토로 이전하고 헤이안교平安京라고 칭했다. 그 후 794년부터 1869년에 이르는 천여 년 동안 일본의 수도로서 '천년 고도'라고 일컬어지는 교토는 일본인들의 정신적 고향이다. 교토는 도시 자체가 하나의 거대한 박물관이라고 할 수 있다. 메이지 유신明治維新 이전의 구舊황궁에서 에도 막부 시대 지도자 도쿠가와 이에야스의 저택은 물론, 사찰 1,631곳, 신사神社 267곳, 그리고 셀 수 없을 정도로 많은 명승지가 자리하고 있다.

678년에 건축된 가모와케이카즈치 신사賀茂別雷神社는 가모 강賀茂川 상류에 자리하고 있어 가미가모 신사上賀茂神社라고도 불린다. 이 신사 안에 있는 신전 34곳은 모두 일본의 국보급 문화 유적이다. 1863년에 지어진 본전에서는 매년 5월 15일 아오이 마츠리葵祭라는 제례가 거행된다.

796년에 건축된 교오고코쿠 사敎王護國寺, 도지東寺라고도 함는 헤이안교 라쇼우 문羅城門 동쪽에 자리하고 있으며 현 교토 시의 남쪽에 있다. 건축 당시 모습을 그대로 유지하고 있어 헤이안교 시절의 건축 양식을 보여 주는 주요 건축물이다. 823년 사가嵯峨 천황이 중국에서 돌아온 고호 대사弘法大師, 구카이空海에게 하사했다고 알려졌으며, 불교 진언종眞言宗, 신곤슈 동사派東寺派의 총본산 사찰이다. 사찰 안에서 볼 수 있는 무로마치 시대의 강당講堂을 비롯해 남북조南北朝 시대의 어영당御影堂, 미에이도, 모모야마桃山 시대의 남대문南大門, 난다이몬, 금당金堂, 곤도, 그리고 에도 시대의 오중탑五重塔, 고주노토, 관정원灌頂院, 칸조우 등은 당시의 건축 기법과 양식을 보여 주는 전형적인 사례이다. 이 사찰의 대전인 어영당은 본래 고호 대사의 거처였던 곳이다. 1380년에 재건하면서 고호

대사가 중국에서 가져온 '비불부동명왕상 秘佛不動明王像'을 안치했다. 강당 안에는 '금 강계대일여래상 金剛界大日如來像'이 안치되어 있다. 고호 대사가 중국의 청룡사 靑龍寺를 모방해 지은 관정원 안에는 현존하는 일본 최고最高의 목조 건축물인 오중탑이 있다. 관정원은 1634년에, 오중탑은 1644년에 재건되었다. 높이 56미터의 오중탑은 일본 의 국보이며 교토의 상징이기도 하다.

907년에 건축된 다이고 사 醍醐寺는 일본 불교 진언종 제호파 醍醐派의 총본산 사찰 이다. 1470년에 전란으로 소실되었다가 도요토미 히데요시 豊臣秀吉가 재건해 모모야 마 시대의 건축 특징을 띤다. 사찰은 크게 가미다이고上醍醐: 다이고산 정상에 있던 원래 절와 시모다이고下醍醐: 다이고 산 아래쪽에 있는 절로 나뉜다. 시모다이고에 있는 삼보원三寶院, 산보 인은 도요토미 히데요시가 직접 설계한 것으로, 모모야마 시대의 건축 양식으로 지어 졌다. 이곳에는 에도 시대의 유명한 화가인 이시다 유테이石田幽汀, 가노 산라쿠狩野山樂

눈 덮인 긴카쿠 사(金 閣寺. 로쿠온 사(鹿苑 寺)의 그림자가 호수 수면 위로 비치며 절 경을 연출한다.

의 벽화를 비롯해 진귀한 불화佛畵와 서적이 소장되어 있다. 다이고 사 안에 있는 오중탑은 952년에 지어진 것으로, 교토의 건축물 가운데 역사가 가장 길다. 가미다이고 안에는 약사여래상藥師如來像과 일광日光, 월광月光 쌍협시상雙協侍像이 안치되어 있다.

교토 북부의 작은 호숫가에 있는 로쿠온 사鹿苑寺는 1397년에 건축되었다. 본래 막부의 장군이었던 아시카가 요시미쓰足利義滿의 별장이었으나 나중에 사찰로 바뀌었다. 사찰 외벽에 금박이 입혀져 있어서 긴카쿠 사金閣寺라고도 불렸다. 층마다 각기 다른 건축 양식을 선보이는 3층 건물로, 1층은 법수원法水院, 호스이인, 2층은 관음동潮音洞, 조온도, 3층은 구경정究竟頂, 구스코초이다. 1950년에 한 젊은 승려가 방화를 저질러 소실되었으나 1955년에 재건했다.

1272년에 일본의 불교 성인 신란親鸞이 지은 니시혼간 사西本願寺는 교토 최대의 사찰로, 정토진종淨土眞宗 본원파本願派의 총본산 사찰이다. 본래는 교토 동산東山에 있었으나 도요토미 히데요시가 현재의 장소로 이전해 국보로 지정했고, 사찰 안에는 중국 고화古畵를 비롯해 일본화가 다량 소장되어 있다.

기요미즈테라(淸水寺)의 삼중탑(三重塔). 8세기 말에 중국 당나라 고승 현장법사의 제자 자은대사(慈恩大師)가 지은 것으로 알려졌다.

히로시마 평화 기념관(원폭 돔)

일본 혼슈 섬 남부 히로시마 시

Hiroshima Peace Memorial (Genbaku Dome) | N 일본 Y 1996 H C(VI)

혼슈 섬 서부의 최대 도시로 일본의 정치, 경제, 문화 중심지였던 히로시마는 2차 대전이 발생하기 전까지만 해도 일본 제7의 대도시였다. 1945년 8월 6일에 미국의 원자폭탄이 히로시마 상공에서 폭발하는 순간, 세토 나이카이瀨戸內海 해협의 공업 도시는 폐허로 변했고 10만 명이 목숨을 잃었다. 이 비극을 계기로 히로시마는 전 세계에 그 이름이 알려졌다.

히로시마 평화 공원 안에 세워진 기념비. 원폭 피해자들을 위로하는 꽃과 기도 소리가 끊이지 않는다.

당시 원자폭탄이 직격한 건물은 1915년에 건축된 히로시마 상품 전시관이었다. 체코 건축가의 설계로 지어진 이 건물은 총 면적 1,023제곱미터, 높이 25미터 규모로 이국적인 분위기를 물씬 풍겼다. 특히 신바로크 양식의 타원형 지붕은 독특한 아름다움을 발산하고 있었다. 그러나 원자폭탄 투하로 하루아침에 잿더미로 변하고 말았다.

1949년부터 도시 재건에 나선 히로시마 시는 현재 인구 100만의 대도시로 다시 번영을 누리고 있다. 그러나 원폭에 파괴된 이 건물은 원폭 투하 유적지로서 여전히 도심 중앙에 자리하고 있다. 히로시마 시 의회는 사람들에게 전쟁의 참혹함을 경각시키고자 지붕만 남은 이 건물을 영원히 보존하기로 했다. 현재 그 주변까지 평화 공원이 조성되었고 공원 안에는 수많은 조각상과 기념비를 비롯해 평화 기념박물관이 지어졌다. 박물관에 들어서면 참혹하면서도 심금을 울리는 소장품들이 가득하다. 당시 원폭 피해자들의 이름이 새겨진 기념비 앞에서는 핵무기 폐기와 세계 평화를 촉구하는 기념행사가 매년 열린다.

시라가와와 고카야마 역사 마을

일본 기후 현(岐阜縣)과 도야마 현(富山縣)

Historic Villages of Shirakawa-go and Gokayama | Ⓝ 일본 Ⓨ 1995 Ⓗ C(Ⅳ, Ⅴ)

시라가와와 고카야마 역사 마을은 자연 환경이 매우 열악한 상황임에도 오래 전부터 사람들이 거주했다. 이는 '합장옥合掌屋' 이라고 불리는 삼각 지붕의 목조 가옥 덕분이었다.

지붕 모양이 60도 각도로 마치 합장한 손의 모양과 닮아서 '합장옥' 이라 이름 붙여진 이 가옥은 다설 지역에 매우 적합한 구조이다. 나무를 묶어 집체를 만들고 지붕 위에는 말린 볏짚을 깔았을 뿐, 돌과 못을 전혀 사용하지 않았음에도 수백 년을 견딜 만큼 견고함을 자랑한다. 합장옥 수십 채, 수백 채가 옹기종기 모여 있는 풍경은 색

합장옥 마을. 합장한 손을 닮은 삼각 지붕이 인상적이다.

대자연과 조화를 이룬 합장옥의 모습이 신비롭기만 하다.

다른 아름다움을 선사한다. 사계절 모두 절경이지만, 특히 1, 2월 저녁 무렵 집집마다 등이 켜지기 시작하면 마치 동화 속 세계에 온 듯한 착각에 빠질 정도이다.

2차 대전이 종식된 후 전기, 교통 등의 여건이 개선되면서 이 지역도 큰 변화를 맞이했다. 합장옥이 점점 줄어드는 경향을 보이자 일본 정부와 현지 주민들이 보호에 나섰다. 특히 사와가라 일대는 합장옥 120여 채가 보존되었으며, 일부는 민가로 그대로 사용되고 일부는 '민속촌' 이라는 이름의 관광지로 개발되었다. 일부는 외부에서 이전해 온 것도 있다. 민속촌 일대는 전봇대, 가로등, 자동차가 없어 마치 에도 시대를 되돌려 놓은 듯하다. 4층 높이의 합장옥은 1층에 취사와 접대를 위한 공간이 있다. 가옥 내부 구조는 물론, 이음새, 대들보 등에도 못을 전혀 사용하지 않은 것이 특징이다.

이츠쿠시마 신사

일본 히로시마 현 미야지마 섬(宮島)

Itsukushima Shinto Shrine | N 일본 Y 1979 H C(Ⅰ, Ⅱ, Ⅳ, Ⅵ)

이츠쿠시마의 붉은 도리이. 일본의 아름다운 건축물 가운데 하나로 꼽힌다.

총 면적 30제곱킬로미터의 이츠쿠시마이츠쿠 섬는 예부터 일본의 성지로 여겨진 곳이다. 수세기 동안 이곳에서는 아이를 출생하거나 죽음을 맞을 수도 없었고 심지어 개를 키우는 것조차 금지되었다. 19세기에 이르러 금기는 대부분 없어졌지만, 사망자가 발생하면 모두 내륙으로 옮겨 안장하기 때문에 무덤은 여전히 존재하지 않는다. 반면에 역사가 유구한 신사와 불교 사찰은 곳곳에서 볼 수 있다. 6세기 말에 지어진 이츠쿠시마 신사는 이 섬을 대표하는 건축물이다.

미야지마 섬 북부 해변에 있으며, 정전正殿, 폐전幣殿, 배전拜殿, 능전能殿 등 건축물 17채가 들어서 있고 육지에서 바다까지 273미터 길이의 붉은 콜로네이드로 연결되어 있다.

이츠쿠시마 신사는 폭풍우 신의 딸과 아들, 천신天神을 섬기는 신사로, 종교 의식을 거행하는 대전과 공연, 무용 등을 선보이는 무대도 갖추고 있다.

신사 앞 바다에는 1875년에 지은 붉은 도리이鳥居: 입구에 세운 문가 우뚝 서 있다. 높이 16미터, 상량上樑 길이 24미터의 이 건축물은 바다의 모든 신을 환영하고자 세운 것이라고 한다.

보로부두르 불교 사원

인도네시아 중부 자와(Jawa) 섬 요그야카르타(yogyakarta) 북서쪽 39킬로미터 지점 협곡

Borobudur Temple Compounds | N 인도네시아 Y 1991 H C(Ⅰ, Ⅱ, Ⅵ)

보로부두르는 산스크리트어로 '언덕 위의 불탑'이란 뜻이다. '천불탑千佛塔'으로
불릴 만큼 방대한 규모인 보로부두르 사원의 탑은 거대한 만다라曼陀羅, 曼茶羅, mandala:
부처가 증험한 것을 나타낸 그림를 연상케 하며, 탑 기둥과 탑문도 없이 돌을 그대로 잘라 만

거대한 만다라를 연상
케 하는 보로부두르
사원

든 온통 구조이다. 또한 1~7층까지는 정방형, 8~10층까지는 원형인 상원하방上圓下方형의 10층탑이다. 1층과 2층은 지하에 묻힌 기단으로 둘레가 123미터, 3~7층의 둘레는 각각 120, 89, 82, 69, 61미터이다. 8~10층까지 원탑의 직경은 각각 51, 38, 26미터이며, 탑 꼭대기에는 높이 7미터, 하부 직경 10미터의 종 모양 불탑이 있다. 기단의 면적은 1,500제곱미터이다. 기단에서 꼭대기 불탑까지의 높이는 본래 42미터였는데 벼락에 불탑 꼭대기 부분이 파괴되면서 현재는 40미터가 채 되지 않는다.

보로부두르 사원은 불교의 '삼계三戒' 원칙에 따라 설계되었다. 1, 2층 기단은 '욕계欲界: 유정(有情: 마음을 가진 살아 있는 중생)이 사는 세계로, 지옥·악귀·축생·아수라·인간·육욕천을 함께 이르는 말. 유정은 식욕, 음욕, 수면욕을 지니고 있음', 중간의 4층 콜로네이드는 '색계色界: 욕계에서 벗어난 깨끗한 물질의 세계. 선정(禪定: 한마음으로 사물을 생각하여 마음이 하나의 경지에 정지해 흐트러짐이 없는 경지)을 닦는 사람이 가는 곳으로, 욕계와 무색계의 중간 세계임', 상부의 원탑과 탑 꼭대기는 '무욕계無欲界: 모든 욕심을 버린 해탈한 존재들이 사는 세계'를 나타낸다. 불탑의 층 구조는 속세에서 극락에 이르는 과정을 표현한 것으로 각층 상단은 부조로 장식되어 있다. 지하 기단에는 지옥의 광경을 묘사했고, 5층까지 난 콜로네이드 석벽과 난간에는 석가모니의 탄생, 사적, 불교 고사故事, 종교 의식을 소재로 한 부조 1,460점이 있는데, 대부분 불경에 나오는 내용을 바탕으로 한다. 이 밖에도 자바 궁과 일반 백성의 생활상, 풍속, 다양한 동식물을 소재로 한 단순 장식 1,212점도 볼 수 있다. 이곳의 부조를 모두 연결하면 총 길이가 4,000미터에 달한다.

5층에 마련된 불감佛龕: 불상을 모셔 두는 방이나 집 432개 안에는 각각 불상이 자리하고 있으며, 원탑 층을 장식하는 종 모양의 작은 탑 72개의 안에도 불상이 놓여 있다. 탑 안에 있는 불상은 실제 성인의 신체만 한 크기로 만들어졌으며 책상다리를 하고 앉아 있다. 동서남북 네 방향에 따라 서로 다른 명칭이 있는 불상들은 표

보로부두르 사원 꼭대기에 있는 종 모양의 탑. 총 72개에 달하고 탑마다 안에 불상이 놓여 있다. 당시의 뛰어난 조각 기술을 엿볼 수 있다.

보로부두르 사원 최고 층에 자리한 불상의 모습. 책상다리를 하고 앉아 사색에 잠긴 불상의 표정이 생동감 넘친다.

정이나 팔 모양, 손바닥, 손가락의 모양도 모두 다르며 생동감이 넘친다. 주 불탑의 탑좌塔座에는 연꽃 도안이 새겨져 있고 탑 안에 미완성된 부처상이 놓여 있다.

보로부두르 사원의 건축 시기와 관련해서는 770년경 샤일렌드라Shailendra 왕조 때 지어진 것이라는 주장과 9세기 중엽에 지어진 것이라는 주장 등 의견이 분분하다. 1006년에 화산 폭발로 강진이 발생했을 때 주민들이 이곳을 탈출해 보로부두르 사원도 점차 황폐화되었다. 자바 섬에 이슬람 문화가 성행하던 14세기 무렵에는 거의 사람들의 기억에서 사라졌다. 그러다 1814년에 영국이 자바 섬을 점령하고 나서 다시 세인들의 주목을 받기 시작했다. 2차 대전이 종식된 후 유네스코의 지원과 인도네시아 각계의 후원으로 대규모 보수 공사가 진행되었고, 미화 2,259만 달러의 막대한 자금을 투입해 마침내 옛 모습을 되찾았다. 오늘날에는 세계 각지의 여행객과 불교도들의 발길이 끊이지 않는 명승지로 부활했다.

이스파한의 메디안 에맘

이란 중부 이스파한 시

Meidan Emam, Esfahan | N 이란 Y 1979 H C (I , IV , VI)

이스파한은 기원전 8세기~기원전 6세기에 이르는 마기Magi 왕 통치 시대부터 방대한 대도시로서의 면모를 갖추었다. 11~12세기까지 셀주크 왕조 때 처음 수도가 되었고 16세기 말에서 18세기 초까지는 사파비Safavid 왕조의 수도였다. 또한 실크로드의 주요 도시로서 동서양 무역의 집산지에 해당했으며, 수많은 관광객이 몰려들어 매우 번화했다. 당시 사람들이 '세상의 절반은 이스파한'이라고 부를 정도였다.

메디안 에맘 남쪽에 자리한 이맘 모스크(이슬람교의 예배당)의 전경. 페르시아 왕족의 기풍이 어린 이 건축물은 1612년에 건축되었으며, 메디안 에맘의 상징이라고 할 수 있다.

알리 카푸 궁. 궁전의 정면 높이가 48미터에 이르며, 사열과 귀빈 접대 시에 사용되었다.

이스파한의 메디안 에맘, 즉 이맘 광장Imam Square은 '메이단 에 샤Maidan-e-Shah, Royal Square'라고도 불리며 17세기에 아바스 1세Shah Abbas I가 건축했다. 광장 주변을 둘러 기념비가 건립되어 있고, 건축물들이 2층 구조의 아케이드로 연결되어 있다. 특히 이맘 모스크Imam Mosque, 마스지드 셰이크 로트폴라Masjed-e-Sheikh Lotfallah

사원, 알리 카푸Ali Qapu 왕궁 등이 유명하다.

아바스 1세가 메디안 에맘을 건축하기 전에 이곳에는 작은 광장들이 모여 있었다. 이맘 모스크의 입구에도 길이 500미터, 너비 150미터 규모의 광장이 있으며, 11~19세기에 이르는 다양한 시대의 이슬람 건축 양식을 감상할 수 있다. 이맘 모스크 왼쪽에는 20세기에 다시 조성한 잔디밭과 연못이 있고, 메디안 에맘 공원의 문 앞에는 광장 최초의 기념비 두 개가 아직도 늠름한 모습으로 우뚝 서 있다. 광장 동쪽에는 이슬람 돔 지붕 양식의 아담한 마스지드 셰이크 로트폴라 사원Masdjed Sheikh Lotfallah이 눈길을 끈다. 광장 외곽으로는 당시 이란 최대 규모를 자랑했던 시장과 연결되고, 시장 안으로 걸어 들어가다 보면 11세기 셀주크 왕조 시대에 지어진 '금요일 사원Friday Mosque'이 있다. 메디안 에맘 광장의 또 다른 볼거리는 대장간으로, 멀리서도 대장장이들의 고함 소리를 들을 수 있다.

아바스 1세의 개인 예배 공간이었던 마스지드 셰이크 로트폴라 사원은 황금색 위주의 화려한 채색 타일들로 장식한 벽면이 일품이며, 페르시아에서는 매우 보기 드문 스타일이다. 이 밖에도 아바스 2세가 지은 모스크를 비롯해 능묘들이 있다. 메디안 에맘 광장의 건축물들은 초기의 단순한 형태에서 점차 복잡해지는 공예 기술, 아치에서 발전한 반구형半球形 돔 지붕에 이르기까지 페르시아 건축 양식의 발전 과정과 특징을 한눈에 보여 준다.

예루살렘 성지와 성벽

Old City of Jerusalem and its Walls | N 서아시아 Y 1981 H C(I , II , IV, VI)

예루살렘에 발을 내딛는 순간, 경건한 성지 순례가 시작된다. 굴곡이 심한 갈릴리 Galilee 언덕에서 네게브Negev 사막에 이르는 험난한 여정이 기다리고 있으며, 지중해의 푸른 빛 바닷물을 가로지르며 황량한 시리아 사막을 통과해야 하기도 한다. 유대교, 기독교, 이슬람교가 모두 자신의 성지로 주장하는 곳인 예루살렘에는 이 3대 종교의 신자들과 순례자들의 행렬이 끊이지 않는다. 이집트나 그리스처럼 찬란한 문명과 눈부신 경제 발전을 이룩했던 곳은 아니지만 신앙이 있는 사람들에게는 정신적

바위 사원의 상단은 본래 황금색 타일 도안이었으나 나중에 보수, 재건하는 과정에서 현재의 컬러 타일로 바뀌었다.

기둥이 되는 경건한 성지임에 틀림없다.

유대교, 기독교, 이슬람교 모두 이곳을 아브라함이 잠든 곳이라고 여긴다. 유대인들은 모세오경Torah : 토라, 율법에 나와 있는 대로 메시아가 시온 산Mount Zion에 모습을 드러낼 때 마침내 세계가 하나가 될 것으로 믿는다. 이 예언을 믿는 유대교 신도들은 사후에 예루살렘 성지에 묻히기를 기원한다. 예루살렘 성전 유적지인 '통곡의 벽 Wailing Wall'은 이슬람 사원의 벽 일부와도 연결되는데, 1967년에 있었던 전쟁으로 이스라엘이 이 지역의 관할권을 되찾았다.

7세기에 지어진 바위 사원Dome of the Rock, 오마르 모스크(Mosque of Omar)라고도 함은 외벽이 화려한 기하 도안과 식물 도안으로 장식된 이슬람 양식의 건축물이다. 무슬림의 특별한 예배일인 금요일을 비롯해 이슬람교의 기념일을 제외하고 대외에 개방한다. 다만 집회는 바위 사원이 아닌 알 아쿠사 모스크Al-Aqsa Mosque에서 거행된다.

바위 사원의 돔 지붕. 목재 부분은 자주 보수해야 한다. 지붕 내부에 새겨진 문자가 사원을 복원하는 데 많은 정보를 제공한다.

부활절 등 기독교의 주요 기념일이 되면 이곳은 신도들로 인산인해를 이룬다. 특히 성묘 교회Church of the Holy Sepulcher는 기독교 최대의 성지로 예수의 무덤, 즉 예수가 십자가에 못 박혀 죽임을 당한 후 그 묘지 위에 세운 교회이다. 콘스탄티누스의 모친이 처음 짓기 시작한 것으로 알려졌고, 예수가 죽임을 당한 십자가가 세워졌던 골고다 언덕의 바위 구멍이 제단 아래 그대로 보존되어 있다.

바위 사원(Dome of the Rock)의 모습. 정팔면체 건물로 외벽 5미터 50센티미터 높이까지 운석(雲石)으로 바탕을 깔고 그 위에 화려한 컬러 타일을 발랐다. 80킬로그램에 달하는 순금 돔 지붕이 찬란한 빛을 발한다.

루앙프라방 시

메콩 강과 남칸(Nam Khane) 강의 합류 지점인 라오스 루앙프라방 주

Town of Luang Prabang | **N** 라오스 **Y** 1995 **H** C(II, IV, V)

루앙프라방은 라오스에서 가장 역사가 유구한 도시이다. 해발고도 290미터, 연평균 기온 13℃, 연 강우량 1,300밀리미터의 쾌적한 자연 환경과 수려한 산수가 어우러지고 소박하고 조용한 이곳은 총 면적 10제곱킬로미터의 아담한 도시이다.

8세기에는 무옹스와 왕국으로 불렸으며, 무옹스와는 '황금의 땅'이란 뜻이다. 14세기 란상蘭倉, Lan Xang 왕국 시기에 크메르Khmer 국왕이 승려 사절단을 파견한 적이 있었다. 당시 그 승려들이 700년 역사의 금불상을 가지고 왔는데, 이 불상에서 루앙

1560년에 완공된 와트 시엥 통. 사원 안에 소규모 불전이 매우 많다.

프라방이란 이름이 유래했다. 1563년에 란상 왕국의 정식 수도가 되고 나서 라오스 역대 왕조의 수도로서 800여 년 동안 안정과 번영을 누렸다.

비슷비슷한 구조의 고건축물들과 수려한 자연이 아름답게 조화를 이루는 루앙프라방은 라오스 역사와 문화의 상징이다.

루앙프라방 도심 한가운데 우뚝 솟아 있는 푸시 산에 오르면 도시 전체의 경관이 한눈에 들어온다. 푸시 산 서쪽 기슭, 메콩 강 동쪽 기슭에는 라오스 국립박물관이 있다. 1904~1905년에 걸쳐 건축되었으며, 본래는 왕궁이었다가 1976년에 박물관으로 변모했다. 박물관 안에는 란상 왕국 시대의 역사 유물과 앞에서 언급한 바 있는 금불상이 소장되어 있다. 높이 1미터 30센티미터, 무게 50킬로그램의 이 불상은 라오스의 국보급 유물이다.

메콩 강과 남콘 강이 합류하는 지점에 있는 와트 시엥 통Wat Xieng Thong, 시엥 통 사원은 루앙프라방에 현존하는 대형 사원 50여 개 중에서도 중요한 지위를 차지하는 사원으로 1559~1560년에 걸쳐 건축되었다. 라오스 건축 양식의 전형을 보여 주는 사례로 꼽히며, 왕실 종묘와 금불상을 소장했던 곳으로 알려졌다. 깊은 삼림에 숨어 있는 폭포는 휴식 공간과 관광지로 주목받고 있으며, 그 옆에 자리한 작은 촌락들은 전통적인 옛 모습을 그대로 유지하고 있다. 메콩 강과 남콘 강이 합류하는 지점에는 종유동鐘乳洞, 석회동굴이 있는 가파른 절벽이 서 있다. 수많은 종유동 가운데서도 다양한 불상이 안치된 종유동 두 곳이 특히 유명하다.

카트만두 계곡

네팔의 심장부인 바그마티(Bagmati) 강과 비슈누마티(Vishnumati) 강의 합류 지점

Kathmandu Valley | N 네팔 Y 1979 H C(Ⅲ, Ⅳ, Ⅵ)

'검이 가른 협곡'이라는 별명이 있는 카트만두 계곡은 본래 히말라야 산맥의 호수였다. 어느 날 호수 중앙에 금빛의 아름다운 연꽃이 피어났는데, 사람들은 이 연꽃이 석가모니의 전신이라고 믿었다. 문수보살文殊菩薩이 검으로 이 호숫가를 갈라 협곡이 생겨났고 부처의 조상이 이곳에 강림했다는 전설이 있다. 훗날 이곳에서 불교가

카트만두는 중국, 인도와 접경을 이루는 교통의 요지로, 힌두교, 불교, 라마교 등 3대 종교의 집산지이다.

아시아에서 가장 오랜 역사를 자랑하는 불교 성지 스와얌부나트 사원의 전경. 카트만두 계곡을 내려다보는 부처의 눈동자가 신비롭기만 하다.

탄생했다. 지금도 카트만두 근교에는 문수보살 사찰이 보존되고 있다. 사람들은 이곳에 와서 향을 피우고 기도하며 보살의 보호를 기원한다.

사계절 내내 푸른빛이 감도는 카트만두 계곡은 천혜의 자연 환경을 지닌 보고이다. 13세기에서 18세기 말까지 네팔을 통치한 말라Malla 왕조는 카트만두 계곡에 카트만두, 파탄Patan, 박타푸르Bhaktapur 등 세 도시를 세웠다. 마츠라 왕조의 형제들이 나누어 다스린 이 세 도시는 서로 재력을 과시하고자 막대한 인력과 자본을 투자해 궁전과 성곽을 지었다. 600~700년 전에 지어진 이 고대 건축물들은 지금도 화려한 면모를 뽐낸다.

총 면적 50만 제곱킬로미터의 카트만두는 네팔의 수도로 723년에 건설되었다. 본래 이름은 '칸티푸르Kantipur'로, '빛의 도시', '아름다운 성'이란 뜻이다. 카트만두는

'나무로 만든 건축물' 또는 '삼림과 사원'이라는 뜻으로 종교적 성향이 두드러진다. 중국, 인도와 접경을 이루는 교통의 요지이자 힌두교, 불교, 라마교 등 3대 종교의 집산지이기도 했다. 크고 작은 사원이 2,700여 개에 달해, 도시 면적 중 7,000제곱미터를 차지하며, 불당과 불탑은 250여 개에 이른다. 사원의 수가 가옥 수에 맞먹을 정도로 도시 곳곳에 사원, 불탑이 즐비해 '사원의 도시'라는 별명이 붙었다. 카트만두 서쪽 외곽에 세워진 스와얌부나트 사원Swayambunath temple은 2500년 역사의 전형적인 불탑 건축물이다. 불탑 주변에 일렬로 배열된 전경통轉經桶: 불경이 새겨진 원통을 시계 방향으로 돌리는 신도들의 모습을 볼 수 있는데, 이는 윤회를 상징한다.

카트만두에서 남쪽으로 5킬로미터 정도 떨어진 곳에 있는 파탄은 298년에 건설된 도시이다. 1200년경부터 파탄 왕국이 이곳을 수도로 정했으므로 네팔에서 가장 역사가 오랜 도시이다. 대승불교와 네팔 전통 예술의 집산지로 수준 높은 건축 기법을 자랑하는 건축물들이 들어서 있다.

셀 수조차 없을 정도로 많은 사원과 불탑으로 종교적 신비감이 가득한 카트만두 계곡은 갈수록 높아지는 세상의 관심 속에서도 마치 바람 한 점 없는 오후의 한 나절처럼 고요하다.

창덕궁

Changdeokgung Palace Complex | Ⓝ 한국 Ⓨ 1997 Ⓗ C(Ⅱ, Ⅲ, Ⅳ)

서울은 유구한 역사를 자랑하는 도시이다. 기원전 18년에 세워진 백제의 도성이었던 '위례성慰禮城'이 서울 부근이었다. 11세기에 고려가 삼국을 통일하고 나서는 '남경南京'으로 불렸고, 조선 왕조가 들어서면서 도읍을 개성에서 한양, 즉 지금의 서울로 이전했다. 이때부터 줄곧 수도로서 위상을 지켜왔고 조선 왕조의 궁궐이 대거 모여 있어 '왕궁의 도시'로 불리기도 한다.

창덕궁은 조선 3대 왕 태종이 지은 이궁離宮, 일종의 별궁으로, 지금까지도 보존 상태가 매우 양호하다. 1405년에 지어졌고 임진왜란 때 소실되었다가 1611년에 중건되었다.

정문인 돈화문敦化門은 왜란을 거치면서도 유일하게 원형을 그대로 보존한 목조 건물로, 서울에서 가장 역사가 오래된 궁문이다. 정문 안으로 들어서면 조정의 정사가 펼쳐졌던 인정전仁政殿이 나오고, 화려한 장식의 천장 문양과 당시 어좌御座의 모습도

창덕궁 인정전 전경

볼 수 있다. 인정전 뒤로는 침전寢殿인 대조전大造殿을 비롯해 선정전宣政殿, 낙선재樂善齋 등의 전각이 있고, 낙선재 안에는 왕관, 임금의 의복, 무기, 공예품들이 진열되어 있다. 인정전 뒤에 있는 왕실의 후원인 비원秘苑은 17세기에 지어진 것으로, 노송, 자작, 계곡, 연못, 다리 등 조선 시대 인공 조경의 높은 수준을 엿볼 수 있다.

경주 역사 유적 지구

대한민국 경주

Gyeongju Historic Areas | Ⓝ 한국 Ⓨ 2000 Ⓗ C(II, III)

신라新羅는 고구려高句麗와 백제百濟를 통합하여 통일 왕국을 이루고 안정된 국가 기반과 경제력을 바탕으로 화려하고 찬란한 과학, 문화, 예술을 꽃피운 천년 왕국이다. 대외적인 교류도 활발해서 국제 도시로서 그 명성을 높이기도 했다.

경주 역사 유적 지구는 한반도를 천년 이상 지배한 신라 왕조의 역사와 문화를 한 눈에 파악할 수 있을 만큼 다양하고 풍부한 문화유산과 기념물들을 간직한 곳으로, 유적의 성격에 따라 모두 5개 지구로 나뉜다.

불교미술의 보고인 남산 지구에는 배리 석불 입상, 용장사곡 삼층석탑 등 신라의 불교 미술을 보여 주는 다양한 불상과 탑이 모여 있다. 신라 왕궁이 있었던 월성 지구에는 계림鷄林, 임해전지臨海殿址, 첨성대瞻星臺 등이 자리하고 있다. 고분군 분포지역인 대릉원 지구에는 신라 왕, 왕비, 귀족 등 높은 신분계층의 무덤들이 솟아 올라 있고, 미추왕릉, 천마총, 황남대총 등이 있다. 황룡사 지구에는 황룡사지와 분황사가 있는데, 황룡사는 고려시대 몽고의 침입으로 소실되었으나 발굴을 통해 당시의 웅장했던 대사찰의 규모를 짐작할 수 있다. 왕경 방어시설의 핵심인 산성 지구에는 400년 이전에 쌓은 것으로 추정되는 명활산성이 있다.

경주 남산 부근 보리사지 석불좌상(보물 136호)

조선 왕릉

대한민국

Royal Tombs of the Joseon Dynasty │ Ⓝ 한국 Ⓨ 2009 Ⓗ C(Ⅲ, Ⅳ, Ⅵ)

"이곳이 바로 신의 정원이군요." 조선 왕릉을 둘러 본 유럽의 정원 건축가들이 쏟아낸 감탄사이다. 조선 왕릉은 조선만의 사상과 문화를 절제된 솜씨로 유감없이 보여주고 있는 유적이다. 하나하나에 흐트러짐이 없도록 엄격한 절차에 따라 조선 최대의 정성과 최상의 재료, 그리고 최고의 솜씨를 발휘했다. 유네스코에서 주목한 것도 조선 왕릉에 보이는 예술성과 조선의 독특한 사상, 그리고 문화였다. 나아가 한 시대의 왕조를 이끌었던 역대 왕과 왕비에 대한 왕릉이 모두 보존되어 있다는 점 역시 큰 가치로 인정받았다.

조선 왕실과 관련되는 무덤은 '능陵'과 '원園'으로 구분된다. 왕릉으로 불리는 능은 왕과 왕비, 추존된 왕과 왕비의 무덤을 말하며, 원은 왕세자와 왕세자비, 왕의 사

조선시대 왕들 가운데 가장 존경을 받는 세종이 잠들어 있는 영릉

필리핀의 계단식 논 코르디레라스

필리핀의 수도 마닐라 북쪽 250킬로미터 지점

Rice Terraces of the Philippine Cordilleras | N 필리핀 Y 1995 H C(Ⅲ, Ⅳ, Ⅴ)

필리핀 코르디레라스의 계단식 논은 현지 토착 부족이 황무지 산을 개간하여 만든 경작지이다. 가장 넓은 곳은 면적이 2,500제곱미터에 달하며, 가장 좁은 곳은 4제곱미터에 불과하다. 석재를 이용해 만든 경작지의 최고 높이는 4미터, 최저 2미터에 육박한다. 계단식 관개수로는 총 길이가 1,900미터로 '세계 8대 불가사의'로 꼽힌다. 이곳의 토착민인 이푸가오Ifugao족은 토지의 유실을 막기 위해 돌을 날라 둑을 쌓았는데, 이 덕분에 '천국으로 통하는 계단'이라는 별칭을 얻었다.

지금도 이곳 주민들은 계단식 논을 일구며 살아간다. 그러나 집약화, 공업화되지 못한 생산 방식 때문에 벼농사가 위기를 맞으면서 주민들이 생계를 위해 하나둘 이곳을 떠나기 시작했다. 그러나 코르디레라스의 계단식 논은 외관이나 연구 측면에서 본래의 의의를 훨씬 뛰어넘는 가치가 있다.

이푸가오족의 조상들도 그들이 혼신의 노력으로 만든 이 경작지가 단지 배를 채우는 생계의 수단을 뛰어넘어 후대에 문화 역사적 가치를 인정받기를 바랐을지 모른다.

2000년 동안 이푸가오족들이 대대손손 일구며 살아온 코르디레라스의 계단식 논

칸디 신성 도시

Sacred City of Kandy | ⓝ 스리랑카 ⓨ 1988 ⓗ C(Ⅳ, Ⅵ)

14세기에 칸디 왕국이 세운 도시로 1480년에 수도가 되었다. 싱할라Singalese족의 조상이 2000여 년 동안 이곳을 통치했으며, 기원전 3세기부터 단일 신앙 국가로서의 면모를 갖추었다. 인도 불교가 유행하면서 종교적 측면 이상의 변혁을 겪은 스리랑카는 4세기경에 석가모니의 치아 사리가 옮겨오면서 왕궁과 불치사佛齒寺, 석가모니의 치아를 보관하고 있는 절의 건물가 정치, 종교적으로 긴밀한 관계를 형성했다. 1592년에 스리랑카의 수도로 확정되고 나서 왕궁과 불치사도 칸디에 소재하게 되었다. 칸디는 콜롬보, 아누라다푸라Anuradhapura와 함께 스리랑카 3대 문화 도시를 형성한다. 16~17세기에 포르투갈과 네덜란드의 식민지가 되었다가 1815년에 다시 영국에 점령당했지만 종교 중심지로서 전혀 동요되지 않았다. 이곳에는 지금도 진귀한 불교 유적이 매우 많으며, 원시 불교原始佛教의 성지로 신도들의 발길이 끊임없이 이어진다.

아름다운 칸디 호의 전경

아유타야 역사 도시

Historic City of Ayutthaya and Associated Historic Towns | Ⓝ 타이 Ⓨ 1991 Ⓗ C(Ⅲ)

'전쟁 종식', '평화'라는 뜻의 이름인 타이의 고도古都 아유타야는 총 면적이 2,480 제곱킬로미터이다. 1350년에 아유타야 왕조의 라바디파티Ramadhipati 왕이 이곳을 수도로 삼았다. 세 갈래 강이 합류하는 섬에 있는데, 도시 주변 지대가 낮아 매년 홍수의 피해를 입었고 퇴적물이 대량으로 쌓여 형성되었다. 난공불락의 입지 여건을 갖

와트프라마하타트(Wat Phra Mahathat) 사원 유적

아유타야 왕실의 종묘 유적. 수많은 궁전과 불탑, 진귀한 불상 등이 있고 곳곳에 무너진 성벽의 잔해들이 널려 있다.

춘 천혜의 요새라 할 수 있다. 덕분에 417년 동안 타이의 수도와 대외 무역의 중심지로 큰 번영을 누렸다.

강력한 중앙 집권제를 실시했던 아유타야 왕조에서 왕은 곧 신의 화신이었다. 봉건 사회의 중심에 있었던 왕족들은 모든 문화와 사회 활동을 장악했다. 이러한 사회에서 국왕은 불교를 비롯해 각종 예술 활동의 지원자였다. 아유타야는 유적지를 가득 메운 사찰과 사원에서 알 수 있듯이 불교가 매우 유행했던 곳이다. 1342년에 지어진 와트프라시산펫Wat Phra Si Sanphet 사원은 아유타야 남동쪽에 자리하고 있으며, 왕의 유골이 안치된 세 개의 탑이 있는 것으로 유명하다. 사원 앞에는 높이 15미터의 방대한 불탑이 세워져 있고, 불전 안으로 들어서면 결가부좌結跏趺坐: 부처의 좌법(坐法)으로 좌선할 때 앉는 방법의 하나를 한 부처상의 모습을 볼 수 있다. 정면 너비 14미터, 높이 19미터의 이 불상은 전체가 금으로 도금되어 있다. 매년 10월 중순경에 수많은 불신자가 이곳에 모여 집회를 연다. 시 외곽에 있는 와트몽콘보핏Wat Mongkhom Bophit 사원은 1357년에 지어졌으며 타이 최대의 청동 불상이 있는 탑이 세워져 있다. 이 탑은 심하게 훼손되어 유네스코가 막대한 자금을 투입해 보수하기도 했다. 이 밖에도 27미터 길이의 대형 와불상으로 유명한 와트야이차이몽콘Wat Yai Chai Mongkhon 사원 등이 있다.

1767년에 미얀마 군대에 함락되고 나서 궁정, 사원을 비롯해 수많은 건축물이 소실되었으며 다량의 예술품과 서적, 왕조 실록 등도 모두 잿더미로 변해 버리고 말았다. 이로써 아유타야 왕조의 역사도 막을 내렸다. 현재 남아 있는 104제곱킬로미터 규모의 방대한 폐허 면적만 봐도 당시 아유타야 시의 규모와 전쟁의 참혹함을 짐작할 수 있다. 18제곱킬로미터에 불과한 도심에서도 사원, 궁전의 폐허 유적지만 50여 곳이 넘는다. 아유타야 왕조의 옛 궁전은 남북 길이가 600미터에 달하며 대전이 여섯 곳 있었지만 지금은 폐허가 되었다.

궁전이 파괴된 지 10년이 되었을 때 잔존하는 기와들을 방콕으로 옮겨 새로운 수도를 건설했다. 왕실 종묘 유적은 궁전 남쪽에 있으며, 동서 너비 400미터, 남북 길이 120미터의 성벽으로 둘러싸여 있다. 당시에는 수많은 전각과 불탑, 불상들이 있었지만 지금은 불탑들과 무너진 성벽의 잔해들만 가득하다. 건축 당시 붉은 벽돌만 사용했으며, 남북 대칭 구조로 설계되었다. 중앙선상에 첨탑 세 개가 우뚝 솟아 있고 양쪽으로 작은 탑들이 빼곡하게 들어서 있지만 훼손되거나 기울어진 것이 많다. 여기에 무성하게 자란 잡초와 야생화들이 처량함을 더해 주는 듯하다.

이스탄불 역사 지구

Historic Areas of Istanbul | N 터키 Y 1985 H C(Ⅰ, Ⅱ, Ⅲ, Ⅳ)

블루모스크 전경

터키 서북부 마르마라Marmara 해 북안에 있는 이스탄불은 역사가 유구한 고도로, 유라시아 대륙을 잇는 유일한 도시이다.

기원전 658년에 고대 그리스의 도시 국가 메가라Megara 국왕이 지은 도시라고 전해진다. 어디에 성을 지을지 고민하던 그는 신의 사자에게 도움을 청했다. 그리고 사자가 이끄는 대로 터키와 마르마라 해 사이에 있는 보스포루스Bosporus 해협에 성을 짓고 자신의 아들의 이름을 따서 '비잔틴'이라고 명명했다. 그로부터 400여 년이라는 시간이 흐르는 동안 이곳은 중동의 중심 도시로 부상했으며, 기원전 2세기에 세력을 확장한 로마에 점령당하고 나서 '아우구스투스'로 이름이 바뀌었다. 196년에 로마 황제 세베루스Septimius Severus가 서쪽으로 영토를 확장하면서 새로 성벽을 중건하기도 했다. 로마 제국이 분열되고 나서 동로마 제국의 콘스탄티누스 대제가 이곳을 '콘스탄티노플'로 개명했고 본래 있던 건축물을 토대로 거대한 성벽과 새로운 궁전, 신전, 광장, 원로원, 경기장까지 건설했다. 330년경에 동로마 제국은 수도를 콘스탄티노플로 이전했고, 이때부터 수백 년 동안 지중해 동부 지역에서 정치, 경제, 문화의 중심지가 되었다. 그러나 13세기에 일어난 십자군 원정으로 도시는 잿더미로 변하고 동로마 제국은 멸망했다. 1453년에 오스만튀르크의 술탄이 이곳을 점령하고 '이스탄불'로 개명해 수도로 삼았다.

2000여 년 동안 이스탄불은 차례로 그리스, 이란, 로마, 터키의 종교, 정치, 문화 중심지였을 뿐만 아니라 천주교, 그리스정교, 이슬람교의 영향을 고루 받았다. 특히 이슬람교의 영향을 가장 많이 받아 이슬람 사원의 수, 건축 규모, 화려한 장식 등이

잘츠카머구트의 할슈타트 –다흐슈타인 문화 경관

오스트리아 잘츠카머구트

Hallstatt-Dachstein Salzkammergut Cultural Landscape | N 오스트리아 Y 1997 H C(Ⅲ, Ⅳ)

잘츠카머구트 지역은 특히 아름다운 호수로 유명하다. 몬트 호Mondsee, 아터 호Attersee, 할슈타트 호Hallstatt See 등 총 76개나 되는 호수들이 마치 진주 목걸이처럼 연결되어 있으면서도 각자의 매력을 잃지 않았다. 바닥이 보일 정도로 맑고 투명함을 자랑하는 트라운 호Traunsee, 낭만적인 골짜기에 둘러싸인 고사우 호Gosausee를 비롯해 평균 수온이 23℃로 수상 운동의 천국으로 불리는 볼프강 호Wolfgangsee가 있고, 호숫가에 있는 상트장크트 길겐St. Gilgen 지역은 모차르트 어머니의 출생지로 유명하다.

트라운 호의 북부 연안은 마치 한 폭의 그림처럼 아름다운 풍경이 펼쳐져 관광지로 인기를 끌고 있으며, 특히 이 호수에서 세계 최초의 증기 기선이 운항한 것으로 알려졌다.

잘츠카머구트 지역은 선사 시대부터 이미 인류의 활동 흔적이 발견되었다. '잘츠카머구트'는 '소금 창고'란 뜻으로 이곳의 소금업은 과거 왕조의 주요한 세금 수입원이기도 했다. 기원전 2세기부터 시작된 소금 개발은 지역 발전의 주요 기반을 형성하며 20세기 중엽까지 활발하게 이뤄졌다. 할슈타트–다흐슈타인의 정교하고 아름다운 건축물들을 통해 당시 이 지역이 얼마나 번성했는지 알 수 있다.

잘츠카머구트의 아름다운 호수 풍경

잘츠부르크 시 역사 지구

오스트리아 수도 빈(Wien)으로부터 320킬로미터 지점인 독일 접경 지역 잘츠부르크 시

Historic Centre of the City of Salzburg | Ⓝ 오스트리아 Ⓨ 1996 Ⓗ C(Ⅱ, Ⅳ, Ⅵ)

모차르트의 고향으로 유명한 잘츠부르크 시 역사 지구는 오스트리아 음악과 예술을 대표하는 도시이다.

로마 시대부터 무역의 중심지로 명성을 떨친 잘츠부르크는 '소금의 도시'란 뜻의 지명에서 알 수 있듯이 소금의 생산과 교역이 활발했으며, 독일의 호박琥珀, 러시아 모피, 중국 비단, 인도 향료 등도 유통되었다.

해발고도 524미터의 작은 산 위에 지어진 이 도시는 약 천년에 이르는 역사를 자

알프스 산에 둘러싸인
잘츠부르크 시

랑한다. 8세기경 수도원과 대성당이 건축되면서 천주교의 중심지로 발전했고 외부 세력의 침입을 막고자 13세기경에 주변에 성벽을 건축했다.

인구가 13만 8,000여 명에 불과한 아담한 잘츠부르크 역사 지구는 사방이 가파른 암벽으로 둘러싸였으며 맑고 푸른 잘차흐Salzach 강이 도심을 가로지르며 흐른다. 잘 차흐 강 남쪽의 미라벨 정원Mirabell Garten은 17세기에 지어진 왕실 정원으로 분수의 물을 이용한 화려한 볼거리가 특히 유명하다. 강의 북부에는 온갖 풍파를 겪으면서 도 900여 년을 꿋꿋하게 버틴 '호헨잘츠부르크 요새Hohensalzburg Fortress'가 위풍당 당하게 자리하고 있다.

16세기 초에 지어진 성모마리아 성당은 로마네스크식 회랑回廊과 초기 고딕 양식 을 엿볼 수 있다. 당시 선보인 건축미는 이탈리아의 베니스, 플로렌스와 견주어도 손 색이 없어 '북방의 로마'로 불릴 정도였다.

700년경에 지어진 논베르크 수녀원과 장크트페터 수도원은 오스트리아에서 가장 오래된 수도원이다. 성모마리아 성당의 왼쪽에는 세계에서 가장 황홀한 분수 쇼를 볼 수 있는 광장이 있다. 로마 트로이 분수를 일부 모방한 흔적이 보이며, 높이가 15 미터나 되는 조각상이 더욱 부각되어 보이는 효과가 있다. 1233년에 건축된 성 프란 체스코 대성당Basilica di San Francesco은 바티칸의 성 베드로 성당Basilica di San Pietro을 모방해 지은 것으로, 오스트리아 최초의 이탈리아식 건축물이다.

1877년에 시작된 잘츠부르크 음악제는 모차르트의 탄생을 기념하는 행사로, 부 활절 행사와 더불어 잘츠부르크 시를 세계적 음악의 중심지로 만드는 역할을 했다.

모차르트의 곡을 주로 연주하는 이 성대한 음악제는 고풍스러운 시내 풍경과 어 우러지며 잘츠부르크의 또 다른 볼거리로 자리 잡았다.

위에서 내려다보는 잘츠부르크 시내 전경은 마치 한 폭의 그림을 보는 듯하다. 구 시가지 서쪽으로 유명한 '삼위일체 성당'의 웅장한 모습도 볼 수 있다.

작지만 활력과 생기가 넘치는 도시 잘츠부르크에 머물다 보면 숨어 있는 잘츠부 르크의 매력을 새록새록 발견하게 될 것이다.

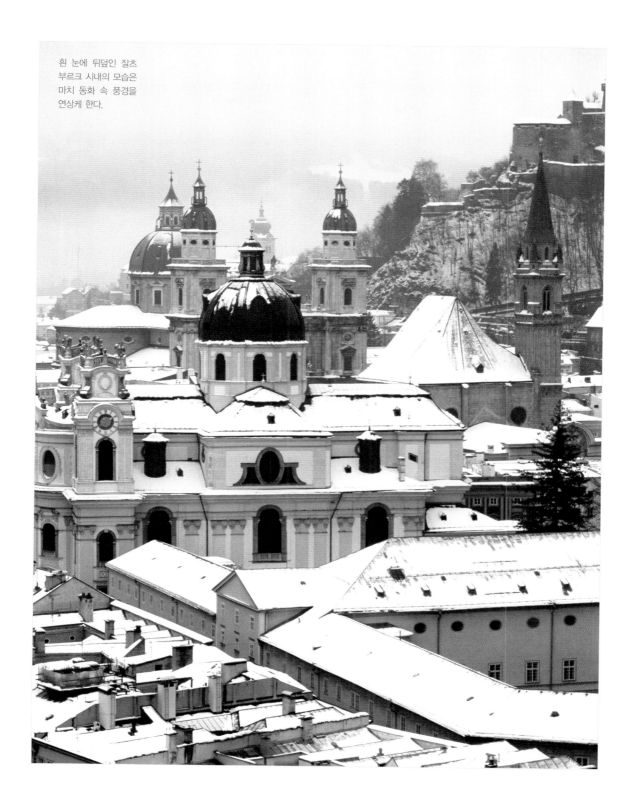

흰 눈에 뒤덮인 잘츠
부르크 시내의 모습은
마치 동화 속 풍경을
연상케 한다.

빈 역사 지구

Historic Centre of Wien | Ⓝ 오스트리아 Ⓨ 2001 Ⓗ C(II, IV, VI)

수많은 음악가와 문학가, 화가, 건축가를 배출한 빈은 세계 예술의 보고라 할 수 있다. 다양한 양식의 건물들을 한자리에서 볼 수 있어 '건축 박람회장'이란 별칭이 있을 뿐만 아니라 신나는 왈츠 음악은 전 세계에 이곳이 '음악의 도시'로 명성을 떨치게 했다.

인구 160여 만 명이 거주하는 빈은 1800여 년 역사의 유구한 도시로 유럽의 문화 고도文化古都로 유명하다. 기원전 400년경 켈트족Celts이 이주하여 도시를 형성한 것으

음악의 도시 빈 전경

로 알려졌다.

1100년경 바벤베르크Babenberg 왕조가 이곳에 첫 성곽을 건축했고, 1137년에 빈이라는 이름이 역사에 처음으로 등장했다. 이때부터 정치, 경제적으로 발전하기 시작한 것으로 볼 수 있다. 15세기 이후 빈은 신성 로마 제국의 수도이자 유럽의 정치, 경제 중심지로 급부상했다. 그리고 18세기에 마리아 테레지아Maria Theresia 여왕이 집정하면서 개혁 정치를 펼치고 예술을 부흥시켰다. 이때부터 빈은 '다뉴브 강의 여신'이라는 닉네임이 생겼다.

1955년 미국 · 영국 · 프랑스 · 소련 4개국과 체결한 '오스트리아 국가 조약'으로 영세 중립국 오스트리아가 탄생했고, 빈은 새로운 전환기를 맞았다.

빈 시는 23개 구로 구성되며, 도심의 스테판 성당Stephansdom을 중심으로 발달하여 링 거리Ring strasse로 불리는 도로 체계가 환상적이다. 빈의 명소가 밀집된 이곳은 '빈의 심장'이라고 불리기도 한다.

12~15세기에 걸쳐 건축된 스테판 성당은 수백 년 동안 빈의 상징으로 여겨졌으

호프부르크 신궁. 1881년에 착공해 1913년에 완공했다. 도로변에 비엔나의 또 다른 명물인 유람 마차가 관광객을 기다리고 있다.

며, 도심을 에워싼 링 도로 양변에는 의회 건물을 비롯해 시청, 왕궁, 그리고 수많은 박물관과 오페라 하우스가 들어서 있다. 테레지아 여왕의 거처였던 호프부르크 왕궁 Hofburg Imperial Palace은 현재 오스트리아 대통령 관저와 외교부 건물로 사용되며, 일부는 박물관으로 개조되었다.

빈은 세계적인 오페라 극장 다섯 곳을 보유하고 있으며, 이 가운데 가장 유명한 것은 '국립 오페라 극장'이다. 1861년에 완공된 이 극장은 고대 로마네스크식으로 지어졌으며, 정문에 거대한 아치형 문이 다섯 개 세워져 있다. 국립 극장이 완공되고 나서 첫 공연으로 선보인 것은 모차르트의 〈돈 조반니 Don Giovanni〉였다.

음악의 도시로 불리는 빈은 교향곡의 아버지 하이든을 비롯해 모차르트, 슈베르트, 베토벤, 요한슈트라우스 등 위대한 음악가들을 탄생시켰으며 18세기부터 '유럽 고전 음악의 요람'으로 주목받기 시작했다.

특히 '왈츠의 왕'으로 추앙받는 요한슈트라우스 2세는 오랜 기간 빈에 머물며 경쾌하고 열정적인 왈츠를 작곡해 사람들이 그의 작품을 '비엔나 왈츠'로 불렀다. 그래서 빈은 왈츠의 고향으로 불리기도 한다.

1974년에 도나우 강변에 유엔 본부가 들어서면서 빈은 '음악의 도시' 뿐만 아니라 국제도시로서도 명성을 얻고 있다.

베르사유 궁전과 정원

프랑스 파리 서남쪽 외곽 1,800킬로미터 지점

Palace and Park of Versailles | N 프랑스 Y 1979 H C(Ⅰ, Ⅱ, Ⅵ)

    프랑스의 태양왕 루이 14세는 본래 평범한 궁전이었던 베르사유 궁을 28년에 걸쳐 유럽에서 가장 웅장하고 아름다운 왕궁으로 만들어 놓았다. 이곳에는 아담한 규모의 사냥터도 마련되어 있다. 17세기 전제 왕권의 상징이자 프랑스 고전 예술의 전형을 보여 주는 베르사유 궁전은 이후 100여 년 동안 프랑스 황제의 별장이자 정부 소재지로서 위상을 떨쳤다.

    베르사유 궁전은 동서를 축으로 남북 대칭 구조이다. 평면 지붕은 단정하고 웅장

베르사유 궁전 앞 여신 동상. 누워 있는 자태가 잔잔한 수면과 조화를 이룬다.

베르사유 궁전. 방대하고 웅장한 외관이 황제의 절대 권력과 부귀를 상징한다. 고전주의 건축 양식이 잘 드러난 이 궁전은 황제의 권위와 나라의 평화에 대한 염원이 잘 표현되어 있다.

한 느낌을 주며, 가운데에 포진한 각종 조각상과 분수, 잔디 초원, 화단, 주랑柱廊: 기둥들이 줄지어 서 있는 일종의 회랑, '콜로네이드(colonnade)'라고도 함 등이 화려함을 더한다. 궁전 외부 담장 위로는 생동감 넘치는 대리석 인물 조각상을 볼 수 있다. 또한 궁전 내부에는 대전大殿, 임금이 거처하는 궁전을 비롯해 크고 작은 홀이 500여 개나 되며, 세계 각국의 진귀한 예술품들이 진열되어 있다. 궁전 앞 광장에는 대형 분수 두 개가 자리하고 있고 분수 가장자리를 따라 여신상 100여 개가 늘어서 있다. 또한 총연장 1,650미터나 되는 운하가 센 강으로 흘러들어가도록 설계되었고 분사 홈 600여 개에서 동시에 물을 뿜어낼 수 있는 분수는 하늘 가득 시원한 물줄기를 뿌리며 오색찬란한 무지개를 선사한다.

궁전 안에는 침실, 응접실, 식당, 회의실, 회랑, 왕실 예배당, 오페라 극장 등이 있으며 특히 궁 중앙에 있는 '거울의 방Galerie des Glaces'이 관광 명소로 유명하다. 길이 73미터, 너비 14미터의 이 방은 대리석 장식과 벽걸이 융단, 유화 등으로 장식되었고 고급 소재로 만든 가구들이 즐비하다. 아치형 천장에는 중세기 루이 14세의 전공戰功을 기념하는 대형 유화가 그려져 있고 정원 쪽으로 난 거대한 아치형 창문 17개가 거대한 거울 17개와 마주하고 있어 장관을 연출한다.

베르사유 궁전 정원은 인공 운하와 인공 호수, 그리고 별궁인 그랑 트리아농Grand Trianon, 프티 트리아농Petit Trianon으로 구성된다. 기하, 도형 설계가 돋보이며 특히 산책로, 화단 등 수많은 인공 조경으로 유명하다. 너비 60미터, 총연장 1,600미터의 인공 운하를 만들어 '작은 베니스'처럼 꾸몄으며, 분수, 폭포, 인공 산과 아름다운 누각을 두루 갖추어 실로 유럽 고전주의 정원의 걸작으로 꼽을 수 있다.

1837년 루이필리프Louis Philippe 왕이 개축하여 국립 역사박물관으로 재탄생했다.

부르주 대성당

Bourges Cathedral | N 프랑스 Y 1992 H C(I , IV)

부르주 대성당은 1195년에 건축을 시작해 60여 년에 걸쳐 완공되었다. 그러나 12~19세기 동안 여러 차례 무너지고 재건되는 역사를 반복했다. 그래서 다양한 시대의 건축 양식이 융합되어 있다.

초기에 소박하고 평범했던 부르주 성당은 14세기에 이르러 방대하고 화려하게 변모했다. 성당 정문을 수놓은 조각도 훌륭하고, 내부의 스테인드글라스 창문은 더욱 아름다운 자태를 뽐낸다. 중앙에는 길이 124미터, 너비 41미터, 높이 37미터의 긴 홀이 있고, 홀 왼쪽으로 대형 문이 다섯 개 나 있다. 사방이 플라잉 버트레스flying buttress라고 부르는 반원형 버팀벽에 둘러싸여 마치 앞뒤에서 하늘을 향해 날아오르는 듯한 인상을 준다.

균일한 대칭 구조, 완벽한 설계, 아름다운 조각과 화려한 스테인드글라스로 유럽 고딕 양식을 대표하는 건축물로 꼽히는 부르주 대성당은 중세기 프랑스 기독교의 강력한 권위를 상징하기에 손색이 없다.

다양한 시대의 건축 양식이 융합된 부르주 대성당 내부. 프랑스의 대문호 발자크와 스탕달도 그 아름다움을 찬미한 바 있다.

아비뇽 역사 지구

프랑스 마르세유 서북쪽 약 85킬로미터 지점인 프로방스 보클뤼즈(Vaucluse)

Historic Centre of Avignon | Ⓝ 프랑스 Ⓨ 1995 Ⓗ C(I , II , IV)

14세기에 지어진 아비뇽 성벽은 총 길이가 5,000미터에 이르며 성탑, 성문 등이 비교적 완벽하게 보존되어 역사적 가치가 크다. 아비뇽 시내에도 수많은 고적이 있으며, 교황청이 가장 유명하다. 요새의 성격이 강한 이 궁전은 아비뇽 북쪽 고산에 자리하고 있으며, 사방이 콜로네이드주랑로 둘러싸인 타원형 광장과 마주하고 있다. 총 면적이 1만 5,000제곱미터에 이르며 구궁과 신궁이 서로 연결되어 있다.

탑 여덟 개가 어우러진 교황청의 외관은 매우 웅장한 느낌을 준다. 내부로 들어가

성 베네제 다리 너머로 보이는 아비뇽 교황청의 웅장한 모습. 중세기에 로마 교황청이 로마에서 이곳으로 옮겨왔다.

보면 구불구불한 복도를 따라 크고 작은 홀이 연결되어 있어 마치 미로 속에 있는 듯한 착각에 빠지게 된다. 신궁 2층에 있는 교황 클레멘스 6세의 예배당은 길이 52미터, 너비 15미터, 높이 19미터의 가장 큰 방으로 교황의 권위를 상징한다.

론 강변에 있는 '성 베네제 다리'는 12세기 초에 건설되었다. 본래 교각 21개와 아치형 통로 22개로 구성되었으나 지금은 아치형 통로 네 개만이 남아 있으며 교각의 총연장은 900여 미터이다. 중세기 유럽 건축의 대표작으로 꼽히는 이 다리 북쪽에는 뱃머리 모양을 한 '성 니콜라 예배당'의 독특한 모습이 눈길을 사로잡는다.

또한 1947년부터 시작된 아비뇽 연극제는 매년 7~8월 유럽 연극인들에게 축제의 장이 되고 있다.

파리 시의 센 강

프랑스 파리 시

Paris, Banks of the Seine | **N** 프랑스 **Y** 1991 **H** C(I , II , IV)

승리의 여신상
(사모트라케의 니케
[Nike of
Samothrace])

프랑스 4대 하천으로 꼽히는 센 강은 해발고도 471미터의 랑그르 고원에서 발원한다. 파리 시를 동서로 가로질러 약 13킬로미터 정도 흐르다가 르아브르 항에서 잉글랜드 해협으로 유입된다. 총연장 776킬로미터인 센 강은 프랑스 4대 하천 가운데 구간은 가장 짧지만 그 명성만큼은 전혀 뒤지지 않는다. 센 강은 파리가 발전하는 데 원동력이 되었을 뿐만 아니라 프랑스 북부 지역에서 중요한 위치를 차지하는 강이다.

기원전 300년경 센 강의 동쪽에 있는 시테Cité 섬에는 켈트족의 일파로 어업에 종사한 파리시Parisii족이 부락을 형성하고 있었다. '파리' 의 명칭은 여기에서 유래했다고 볼 수 있다. 당시 시테 섬과 센 강 좌안을 중심으로 리디아Lydia: 기원전 7세기부터 기원전 6세기까지 소아시아 서부 지방에 번성했던 왕국 문명이 발전했으나 현존하는 유적은 없다. 다만 식물원 서북쪽으로 1만 5,000명을 수용할 수 있었던 원형 경기장의 유적은 지금도 남아 있다. 486년경 프랑크 왕국의 클로비스Clovis 왕이 파리를 점령했으며 508년에 프랑크 왕국의 수도가 되면서 파리는 눈부신 발전을 거듭했다. 시테 섬은 작은 배 모양 같기도 하고 요람처럼 보이기도 하며, 2000년 전 파리의 전신이라고 할 수 있다. 섬 양안에 공원이 많이 지어져 푸른 녹음과 우아한 자연의 미를 한껏 감상할 수 있다. 시테 섬 사방에 포진한 다리 열 개는 섬과 육지를 케이블처럼 연결한다.

센 강변에는 에펠 탑을 비롯해 루브르 박물관, 오르세 미술관 등 관광 명소가 아주 많다. 이 가운데 에펠 탑은 파리에서 가장 높은 건축물로 파리의 상징처럼 여겨진다. 프랑스혁명 100주년을 기념하여 지어졌으며, 점유 면적 1만 제곱미터에 반원형 아치 네 개로 탑의 기

루브르 박물관

단을 이루고 철골이 그대로 드러나는 파격적인 강철 구조로 설계되었다. 금속 부품 1만 2,000개와 굵은 못리벳, rivet 250만 개가 소요되었으며, 320미터 높이의 3층 구조물로 지어졌고 무게는 9,000여 톤에 달한다.

시테 섬에 있는 노트르담 성당은 전형적인 고딕 양식의 건축물로 전 세계적으로 유명한 천주교 성당이다. 총 면적 5,500제곱미터로 9,000명을 수용할 수 있으며 3층 건물이다. 1층에는 복숭아꽃을 닮은 문이 세 개 나 있고, 2층에 올라가면 '장미의 창'으로 불리는 직경 10미터의 거대한 스테인드글라스를 볼 수 있다. 3층에는 아름다운 모양의 많은 난간이 세워져 있다. 노트르담 성당 안에는 1330년에 지어진 종루 두 개가 높이 솟아 있는데 높이가 무려 69미터에 달한다. 남쪽 종루에 있는 거대한 종의 무게는 13톤에 달하며 북쪽 종루는 내부 계단이 387개에 이른다. 종루 뒤에는 종루보다 21미터나 높은, 90미터 높이의 첨탑이 우뚝 솟아 있다. 장방형의 성당 내부 홀은 길이가 130미터, 너비가 50미터이다.

절대 왕권의 상징이던 루브르 궁은 현재 박물관으로 바뀌었다. 1190년에 짓기 시작한 루브르 궁은 부지 면적이 450제곱미터에 달하며 조각, 회화, 보석 등 각종 진귀한 예술품과 유물 40여만 점을 소장하고 있다. 이 가운데 가장 유명한 3대 미술품은 〈밀로의 비너스〉, 〈승리의 여신 니케 상〉, 그리고 이탈리아의 천재화가 다빈치의 〈모나리자〉이다. 르네상스 시대를 대표하는 최고의 초상화로 평가받는 〈모나리자〉는 1506년 작품으로 높이 1미터, 너비 67센티미터 크기이다. 아름답고 온화한 플로렌스 여인 모나리자의 미소는 '신비의 미소', '영원한 미소'란 찬사를 얻고 있다.

센 강변에는 17세기 유럽의 주택가가 그대로 보존되어 있고 1977년에 '퐁피두 국립 예술 문화 센터centre national d'art et de culture Georges-Pompidou' 건립을 비롯해 1978년에는 오래된 기차역을 '오르세 미술관'으로 개축하는 작업이 추진되었다. 그래서 파리 시의 센 강변에 고대와 현대의 조화가 더욱 돋보이는지도 모른다.

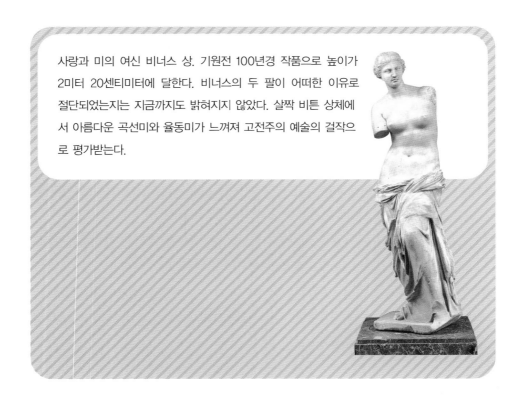

사랑과 미의 여신 비너스 상. 기원전 100년경 작품으로 높이가 2미터 20센티미터에 달한다. 비너스의 두 팔이 어떠한 이유로 절단되었는지는 지금까지도 밝혀지지 않았다. 살짝 비튼 상체에서 아름다운 곡선미와 율동미가 느껴져 고전주의 예술의 걸작으로 평가받는다.

카르카손 역사 도시

프랑스 오데르 강(Oder River) 동쪽 연안

Historic Fortified City of Carcassonne | N 프랑스 Y 1997 H C(Ⅱ, Ⅳ)

카르카손 역사 도시는 방어적 성격이 강한 요새 도시로, 산 위에 자리하여 그 아래로 보이는 평원 지대의 상황을 한눈에 파악할 수 있다.

이중 성벽 구조로 설계되었으며 망루望樓, 적이나 주위의 동정을 살피기 위하여 높이 지은 건물, 현수교懸垂橋, 양쪽 언덕에 줄이나 쇠사슬을 건너지르고, 거기에 의지하여 매달아 놓은 다리, 참호塹壕, 성 둘레의 구덩이, 해자垓字, 성 주위에 둘러판 연못 등이 설치되어 난공불락의 요새로 꼽힌다. 이곳을 침입한 적이 첫 번째 성벽을 넘어서더라도 또 다른 성벽이 가로막아 결국 양쪽 성벽

13~14세기에 걸쳐 건설된 카르카손 요새의 이중 성벽. 현재도 주민들이 거주한다.

중세 건축 기술의 우수
성을 보여주는 카르카
손 고성의 웅장한 모습

사이에 갇히는 형국이 되고 만다. 프랑크 왕국의 2대 국왕 샤를마뉴Charlemagne, 카롤루
스 대제도 이곳에서 적군에 5년 동안 포위된 적이 있다. 성 안에 비축된 양식이 거의
떨어져갈 무렵, '카르카스'라는 이름의 한 부인이 남아 있는 곡식을 모아 돼지에게
먹이고 성 밖으로 그 돼지를 떨어뜨렸다. 그 충격으로 내장이 터지면서 곡식이 쏟아
지자 이를 본 적군은 성 안에 양식이 남아도는 것으로 착각하고 황급히 화해 담판을
청했다고 한다. 이에 카르카스 부인은 곧 승리의 나팔소리를 울리도록 명했고, 여기
에서 '카르카스 승리의 나팔소리'라는 뜻의 도시 이름이 유래했다. 기원전 122년에
로마가 프로방스와 랑그도크Languedoc를 점령하고 나서부터는 '카르카손'으로 불렸
다.

460~725년에 이르는 동안 카르카손은 서고트족Visigoth에 점령당했다가 759년에
다시 프랑크 왕국에 귀속되었다. 이중 성벽의 견고한 요새로 적의 침입을 막아온 카
르카손은 지금도 주민 1,000여 명이 거주하는데, 건물을 개조할 방법이 없어서 여전
히 중세의 모습을 그대로 간직하며 살고 있다.

프랑스 작가 메리메Prosper Mérimée가 카르카손의 고전미를 극찬한 바 있으며, 관광객은 유람선을 타고 운하를 따라가며 아름다운 고성을 감상할 수 있다. 1666~1681년에 걸쳐 건설된 이 인공 운하는 최초로 공사에 흑색 화약black powder: 질산칼륨, 황, 목탄을 혼합하여 만든 화약을 사용하여 역사적 가치가 큰 것으로 알려졌다. 총 길이 240킬로미터에 수문이 91개 설치되어 있으며, 프랑스 남부 도시 툴루즈와 지중해를 연결한다. 가론 강Garonne을 거쳐 대서양으로 통하는 수로를 형성한다.

1262년 운하의 서쪽 연안에 '생 루이St. Louis'라는 이름의 새로운 성이 들어섰다. 카르카손 고성과 다리로 연결되는 이 신성은 고성과 전혀 다른 양식을 선보인다.

생 루이 성은 중세기 유럽의 전형을 보여주는 원주형圓柱形 건축물로, 지붕이 원추처럼 뾰족한 탑 모양이다. 카르카손 지역은 중세에 지중해의 한 작은 공국公國: 큰 나라로부터 '공公'의 칭호를 받은 군주가 다스리던 나라의 수도였다가 12세기에 전성기를 구가했다. 이 일대는 암석으로 이루어진 산맥 지대여서 예부터 군사 요지로 중시된 곳이었다. 프랑스 카페 왕조Cap tiens, 987~1328년의 군주들은 대대로 국경 지대의 방어를 중시한 것으로 알려져 있다.

현존하는 외성, 내성의 구조를 살펴보자. 외성은 성벽과 첨탑, 해자로 구성되며 내성은 갈로로만Gallo-romaine: 기원전 50년 무렵부터 기원후 5세기. 로마 명장 카이사르가 갈리아를 정복했을 때부터 프랑크 왕국이 성립되기 전까지의 시기를 가리킴 시대 양식으로 건축되었다. 내성 안은 복잡한 도로 사이사이에 건물들이 빼곡하게 들어서 있다. 주요 건축물은 대부분 갈로로만 양식이며 직사각형 건물 형태의 바실리카Basilika식 교회도 한 채 있다. '검과 방패'가 묘사된 고성의 휘장은 이 성이 수많은 전란의 화염 속에서도 굳건하게 살아남은 역사를 상징한다. 성 안에는 4~5미터 너비의 돌길들이 구불구불 이어지고 낮은 돌담집들이 고풍스러운 멋을 풍긴다. 수많은 전란의 영향으로 심각하게 파괴되기도 한 카르카손 고성은 수차례 재건을 거쳐 본래의 웅장한 모습을 복원하고 현대를 사는 우리 앞에 그 모습을 한껏 뽐낸다.

한자동맹 도시 뤼베크

독일 북부 함부르크로부터 60킬로미터 지점

Hanseatic City of Lübeck | N 독일 Y 1987 H C(IV)

강과 운하에 둘러싸여 수려한 풍경을 자랑하는 뤼베크는 1143년부터 도시로서의 면모를 갖추기 시작했다. 1226년에 자유 도시가 되고 자치 정부로 발전했으며, 점점 북유럽 상업 중심 도시로 위상을 굳혀나갔다.

뤼베크는 《부덴부르크 가의 사람들Die Buddenbrooks》이라는 작품으로 노벨 문학상을 받은 독일 작가 토마스 만Thomas Mann, 1875~1955의 고향으로도 잘 알려져 있다.

중세 독일의 전형적인 산성山城 도시로 동북 지구와 서남 지구, 마리엔키르헤Marienkirche, 장크트마리아 성당, 시청 청사 지구로 나뉜다. 발트 해Baltic Sea 연안의 주요 무역항으로 주목받으며, 독일 북부에서 가장 오래된 로마식 벽돌 구조의 성당을 비롯해 시청 청사인 라타우스, 장크트마리아 성당, 로마네스크 성당, 성령 교회 병원 등 중세 도시의 특성을 잘 간직하고 있다.

1240년경 고딕 양식으로 지어진 시청 청사 라타우스는 뤼베크 도심 중앙에 자리하고 있으며, 화사한 색상의 벽돌로 장식되어 웅장하고 아름다운 모습을 뽐낸다. 독일에서 가장 오래되고 뛰어난 고딕 건축물이다.

13~14세기에 걸쳐서 약 20여 년이 걸려 완성된 것으로 보이는 장크트마리아 성당은 첨탑 두 개와 본당, 콜로네이드로 구성되며 발트 해 연안 일대를 수놓은 벽돌 건물의 대표작으로 꼽힌다. 뤼베크 상인들이 13세기에 건립한 것으로 알려진 성령 교회 병원은 독일 내 중세 수도사의 숙소 건물 중 보존 상태가 가장 양호하며, 현재 양로원으로 사용되고 있다. 첨탑 네 개 가운데 게이블 지붕Gable Roof, 측면 벽이 삼각형으로 된 지붕 구조로 된 병원 건물 정면은 모두 붉은색 벽돌을 사용했다.

원추 모양의 쌍둥이 탑이 눈길을 사로잡는 홀스텐 성문Holsten Tor은 1467~1478년에 걸쳐 건축되었으며 성벽 두께가 3미터 80센티미터에 이른다. 성문 우측에는

당시 주요 교역 물품 가운데 하나였던 소금을 보관하던 창고가 있다. 중세 독일의 요새 유적으로 뤼베크의 상징인 이 성문은 현재 내부 건물이 역사박물관으로 이용되고 있다.

1535년에 지어진 선박 회사 건물은 현재 식당으로 바뀌었지만 내부의 고풍스러운 가구와 시설들은 여전히 고고한 자태를 뽐내 뤼베크 상업 조직의 면모를 엿볼 수 있다. 뤼베크 시의 동부 지역은 수공업자들의 거주지로, 정원이 없는 소박한 건물들이 자리하고 있다. 반면에 귀족과 부호들이 주로 거주하는 서부 지역은 호화 저택들이 즐비하다. 화려한 홀과 고풍스러운 벽난로, 그림으로 장식한 목제 천장, 잘 정돈된 화원 등 내부 시설도 완벽하게 갖춰져 있고 독특한 멋을 자아낸다. 항구에 접한 북부 지역은 선원과 어부들의 거주지이다.

첨탑과 성당이 그림처럼 어우러진 뤼베크는 10세기 이후 도시들이 보여 주는 종교성과 대중성이 어우러져 조화롭게 드러난 멋진 도시임에 분명하다.

뤼베크의 상징 홀스텐 성문. 붉은색 벽돌을 사용한 성벽과 원추 모양의 쌍둥이 탑이 눈길을 사로잡는 이 건물은 현재까지도 보존 상태가 매우 양호하다.

포츠담과 베를린의 궁전과 공원

독일 베를린 서남부 27킬로미터 지점

Palaces and Parks of Potsdam and Berlin | N 독일 Y 1990, 1992, 1999 H C(Ⅰ, Ⅱ, Ⅳ)

포츠담은 17세기 뷔르템베르크Württemberg 공국의 작은 도시였으며 프로이센 왕국의 수도인 적도 있었다. 18세기 후반 프로이센 왕국이 유럽의 대국으로 발전하고 나서 프리드리히 2세의 명으로 이곳에 여름 궁전이 지어졌다. 프리드리히 국왕은 궁전 건축에 관해 자신의 아이디어를 내놓기도 했는데, 지금도 이곳에는 국왕이 직접 그린 지도 두 장이 보관되고 있다. 포츠담에서 가장 유명한 명승지로는 상수시 궁Schloss Sanssouci과 체칠리엔호프 궁전Schloss Cecilienhof을 꼽을 수 있다.

50여 년에 걸쳐 완공된 상수시 궁은 독일 예술의 정수를 보여 주는 건축물로, 2.9

베를린의 상징 브란덴
부르크 성문
(Brandenburger Tor)

제곱킬로미터 규모의 사구沙土에 지어져 '사구 위의 궁전'이라는 별칭으로 불린다. 궁전 앞에는 꽃잎 모양의 석조로 꾸민 원형 분수가 자리 잡고 있으며, 사방에 불, 물, 흙, 공기를 주제로 한 원형 정원이 꾸며져 있다.

궁전 내부에는 그리스 신화를 소재로 한 석상 1,000여 개가 들어서 있으며 궁전 양쪽에는 북유럽에서 좀처럼 재배하기 어려운 포도나무를 비롯해 싱그러운 녹음이 조성되어 있다. 공원 꼭대기에 자리한 신궁新宮은 정면 너비가 213미터에 이르고, 외관 전체가 아이보리색이며 방이 200여 개에 이르고 정중앙에 원형 홀이 있다.

아름다운 수상 집무실은 상상력 넘치는 천장 장식과 금으로 꾸며진 화려한 벽장식으로 보는 이들의 눈길을 사로잡는다. 이 밖에도 수많은 명화와 거울이 궁전 내부를 장식하고 있다. 궁전 동쪽에 자리한 화랑에는 르네상스 시대 이탈리아, 네덜란드 화가들의 작품이 다수 포함된 명화 124점이 소장되어 있으며, 공간이 넓어 음악회 등의 행사가 열리기도 한다.

프리드리히 2세의 여름 궁전인 샤를로텐부르크 궁전(Schloss Charlottenburg). 웅장하고 화려한 아름다움을 뽐내는 이 궁전은 베를린의 대표적 건축물 가운데 하나로 꼽힌다.

궁전 정원에는 중국의 전통 건축 방식을 활용한 육각정도 볼 수 있는데, 정자 안에는 동양적 분위기를 물씬 풍기는 긴 벤치를 비롯해 중국 의상을 입은 노인이 차를 마시는 모습의 조각상도 있다.

체칠리엔호프 궁전은 미국, 영국, 소련 3국이 베를린 의정서, 포츠담 선언을 체결한 장소로 유명하다.

본래 프로이센 국왕이 자신의 여동생 부부를 위해 지은 이 궁전은 프로이센 왕국 최후의 궁전이다. 궁전 안에 놓인 큰 원탁 테이블 위에는 미, 영, 소 3국 국기가 꽂혀 있으며 당시 트루먼, 처칠, 스탈린 등이 앉았던 소파와 기자석으로 꾸몄던 복도도 볼 수 있다. 또한 트루먼, 처칠, 스탈린의 집무실과 회의실 등을 참관할 수 있다.

1769년에 프로이센 국왕은 포츠담에 방 200여 개가 마련된 겨울 궁전을 지었다. 2차 대전이 종식되고 독일이 동독과 서독으로 분단되면서 포츠담과 베를린의 궁전도 장벽을 사이에 두고 서로 오갈 수 없게 되었다. 통일되고 나서는 건축물이 무려 150개나 들어선 5,000제곱미터의 이 정원은 포츠담 시에 귀속되었다. 포츠담 시에는 18세기 건축물인 브란덴부르크 성문과 성당 등의 유적도 있고 천문대와 기상대도 볼 수 있다. 또한 포츠담 시에서 멀지 않은 곳에는 삼림이 우거진 수려한 풍경 지구가 있어 관광 명승지로 주목받고 있다.

아테네의 아크로폴리스

그리스 아테네 도심의 석회암 바위산 정상

Acropolis | Ⓝ 그리스 Ⓨ 1987 Ⓗ C(Ⅰ, Ⅱ, Ⅲ, Ⅳ, Ⅵ)

그리스 문화의 중심 아테네에는 수많은 고대 유적이 남아 있다. 이 가운데 요새의 성격을 띤 아크로폴리스 산성은 3000년의 역사를 자랑하는 아테네의 대표적 유적이다. 석회암 바위산 정상에 자리하고 있으며, 사방이 깎아지른 듯 가파른 절벽으로 둘러싸였다. 비교적 편평한 산 정상은 동서 길이가 280미터, 남북 너비가 130미터 정도이다. 아테네 건축의 정수를 보여 주는 동시에 종교 활동의 중심지로 유명했다.

아크로폴리스의 주요 건축물들은 대부분 아테네의 수호 여신 아테나를 섬기기 위해 지어진 것이다. 아테네에는 신화 속에 등장하는 수많은 신을 섬겼던 신전들이 다수 남아 있다. 아크로폴리스로 들어가는 정문인 프로필라이아^{Propylaea}를 지나면 파르테논 신전, 니케 신전, 에레크테이온 신전, 디오니소스 극장 등 뛰어난 고전 건축물 유적들이 있다. 이 가운데 아크로폴리스 중앙 최정상에 자리한 파르테논 신전은 아테네의 수호 여신 아테나를 섬기던 곳으로, 기원전 5세기에 당대 최고의 건축 설계사이자 조각가였던 페이디아스가 설계하여 탄생했다. 장방형의 신전 건물은 길이 68미터 50센티미터, 너비 31미터로 모두 순백의 대리석을 사용했다. 또한 긴

에레크테이온 신전의 카리아테이드(여인상 기둥)

회랑을 따라 늘어선 원주형 기둥 46개는 모두 높이 10미터 40센티미터, 직경 1미터 90센티미터로 역시 순백의 대리석을 사용했다. 파르테논 신전은 아크로폴리스에서 유일하게 콜로네이드 양식으로 지어진 신전이다. 청동으로 만든 신전 문은 도금 장식과 화려한 채색 문양이 돋보이며, 홍색과 청색을 주로 사용한 처마와 기둥은 조각 문양이 매우 섬세하다. 신전 외벽에는 150미터에 걸쳐 인물 500여 명의 생동감 넘치는 부조浮彫가 장식되어 있으며, 이와 별도로 아테나의 탄생을 담은 스토리와 아테네의 수호신 자리를 놓고 벌어진 아테나와 포세이돈의 한판 대결을 묘사한 부조 작품이 동서 양쪽 대리석 벽에 새겨져 있다. 파르테논 신전 가운데 일직선으로 된 윤곽은 찾아볼 수 없고 대부분 부드러운 곡선으로 조화롭고 웅장한 미를 선보인다.

도리스 양식Doric Order의 대표작으로 꼽히는 파르테논 신전은 본당을 중심으로 앞뒤에 각각 전당과 후당이 있으며, 본래 12미터 높이의 아테나 여신상이 놓여 있었다고 한다. 이 여신상은 목재에 금 조각 1,000개를 상감해 만들었고 거대한 뱀이 웅크리고 있는 모습이 묘사된 원형 방패를 들고 있었다. 여신의 얼굴, 손, 발 부분은 상아로 조각했으며, 눈동자는 보석을 박아 넣었다고 전해진다. 파르테논 신전 우측에는 승리의 여신 니케의 신전이 있다. 길이 8미터 15센티미터, 너비 5미터 38센티미터의 크지 않은 규모에 동서 방향에 각각 기둥이 네 개씩 세워져 있다. 신전의 처마는 신화 속에 묘사된 바에 따르지 않고 승리의 여신 니케가 등장하는 역사적 사실에 근거해 부조로 나타냈다고 한다.

에레크테이온 신전은 아테나를 기념하기 위해 지은 것으로 파르테논 신전 북부에 있다. 신전 건물 세 개와 현관 두 개, 그리고 여인상 기둥카리아테이드이 있는 콜로네이드로 구성되었다. 동쪽 현관에는 기둥이 여섯 개, 북쪽 현관에는 네 개가 세워져 있는데, 모두 이오니아 양식의 전형을 보여 준다. 2미터 높이의 여인상 기둥은 파르테논 신전과 마주하고 있으며 정면에 네 개, 측면에 두 개 등 총 여섯 개가 남아 있다.

그리스의 국보로 불리는 파르테논 신전은 6세기경 기독교 교회로 바뀐 적도 있었다. 지금은 많이 파괴되어 잔해만 남아 있지만, 곧게 늘어선 대리석 기둥과 외벽의 웅장한 모습은 여전히 아크로폴리스의 상징으로서 손색이 없다.

아테네의 수호신 아테나

아테네의 수호신 아테나는 전쟁, 예술, 지혜의 여신으로 도시와 문명을 대표한다. 호메로스의 서사시 〈일리아드〉에는 전쟁의 여신의 모습으로 그리스 용사들과 함께 전투에 참가하는 내용이 나온다. 또한 아테나는 왕궁이 아니라 도시, 즉 아테네 아크로폴리스에 거주했다고 한다.

에피다우루스 고고 유적

그리스의 수도 아테네 140킬로미터 지점인 펠로폰네소스 반도 나브플리온(Návplion, 나우플리아)

Archaeological Site of Epidaurus | N 그리스 Y 1988 H C(Ⅰ, Ⅱ, Ⅲ, Ⅳ, Ⅵ)

고대 그리스 도시 국가의 정치, 문화 중심지 에피다우루스는 그리스 전통 의학의 성지이다. 이곳에는 에피다우루스 유적지를 비롯해 태양 신 아폴론의 성지, 그리고 아폴론의 아들로 의학의 신인 아스클레피오스의 성지가 있다. 기원전 2000년경에 지어진 에피다우루스 성지에는 신전, 저택, 숙박 시설, 극장 등 수많은 건축물과 상수도 시설, 의학 관련 비명碑銘 등이 보존되어 있다.

노천극장인 에피다우루스 극장은 기원전 4세기경에 건축된 것으로, 고대 그리스의 유명한 건축 설계사이자 조각가였던 폴리클레이토스Polycleitos의 걸작이다. 녹음에 둘러싸인 산 중턱에 자리하고 있으며, 대리석으로 만든 좌석들이 산세를 따라 부채꼴 모양으로 한 줄 한 줄 배열되어 있다. 중앙 무대는 직경이 20미터 40센티미터이며, 무대 앞에 관람석이 34열까지 배열되어 총 1만 5,000명까지 수용할 수 있다.

아폴론 성지에 있는 아스클레피오스 신전은 기원전 390년경에 지어졌으며, 당시 신전 안에는 황금과 상아로 조각한 거대한 신상神像과 조각 작품들이 있었다고 한다.

아폴론 성지 양쪽으로 원형의 토성土城 유적지가 자리하고 있다. 이 유적지는 기원전 370년~기원전 330년 사이에 지어진 것으로, 동심원 모양으로 배열된 기둥을 따라 콜로네이드가 형성되어 있다. 내벽은 벽화로 장식했으며 바닥은 흑백의 대리석이 강렬한 대비 효과를 불러일으킨다.

상공에서 굽어본 에피
다우루스 고고 유적

올림피아 고고 유적

그리스의 수도 아테네 서쪽 190킬로미터 떨어진 일리아(엘리스) 지방

Archaeological Site of Olympia | N 그리스 Y 1989 H C(I , II , III , IV , VI)

고대 올림픽 경기의 발상지이자 세계에서 가장 역사가 오랜 경기장 유적이 있는 올림피아 고고 유적은 고대 그리스의 종교 의식과 체육 경기가 행해졌던 곳이다. 당시 올림픽 경기는 일종의 제례 의식 가운데 하나였다.

올림피아 고고 유적지에 있는 건축물은 대개 체육 경기를 치르기 위해 지은 것이다. 기원전 2세기경에 지어진 고대 올림픽 경기장은 현재 일부 잔해만 남아 있다. 올림피아 고고 유적은 동서 520미터, 남북 400미터 규모로, 입구에 거대한 석문石門이 세워져 있다. 높이 5미터, 너비 175미터의 이 석문은 내부로 통하는 거리가 14미터에 달했는데, 당시는 경기에 임하는 선수들이 입장하던 장소였다. 경기장은 길이 200미터, 너비 175미터 규모로 중앙에 제우스 신전과 헤라 여신의 신전이 있다.

제우스 신전은 길이 64미터 12센티미터, 너비 27미터 68센티미터의 도리스식 건축물로, 신전을 에워싼 콜로네이드 기둥은 대리석 대신 석회암을 사용했다. 신전의 상단에는 경기 입장 전의 긴장감을 묘사한 입체 조각 등이 있는데, 대칭적 구조와 자연스러운 인물 처리가 돋보인다. 천장에는 헤라클레스의 열두 가지 공적이 부조로 묘사되어 있다. 신전 안에는 본래 고대 그리스의 유명한 조각가 페이디아스가 황금과 상아를 이용해 만든 7미터 높이의 제우스 상이 있었다고 한다. 고대 그리스 건축의 대표작으로 세계 7대 불가사의 가운데 하나로 꼽힐 정도였으나 6세기경에 발생한 대형 지진으로 파괴되었다. 현재 올림피아 고고 유적지 안에는 올림피아 고고학 박물관이 들어서 있다.

상공에서 굽어본 올림
피아 고고 유적

델로스 섬

Delos | N 그리스 Y 1990 H C(Ⅱ, Ⅲ, Ⅳ, Ⅵ)

크고 작은 섬 39개로 구성되는 델로스 섬은 고대 그리스 문명의 성지라고 할 수 있다. 관광지로 유명한 미코노스 섬에서 서쪽으로 20킬로미터 떨어진 곳에 있으며, 남북 5,000미터, 동서 1,300미터 규모로, 면적이 3,400제곱미터에 불과한 비교적 작은 섬이다.

'델로스'는 그리스어로 '광명', '빛'이란 뜻이 있다. 태양 신 아폴론이 탄생한 곳으로 알려져 종교적 성지의 성격이 강하며, 고대에는 에게 해 제도의 정치, 경제, 문화 중심지였다.

또한 기원전 2세기~기원전 1세기에 이르는 동안 지중해 무역의 대표적 도시 가운데 하나였으며 정치적 위상도 막강했다.

지금은 비록 과거의 영화를 잃은 지 오래지만, 고대 그리스 문명의 축소판이라고 해도 될 만큼 당시 사회의 모습이 잘 보존되고 있다. 기원전 3000년경부터 인류가 거주한 것으로 밝혀졌으며, 태양 신 아폴론의 신전 유적이 있는 델피Delphi, 델포이에 이어 종교적 성지로서의 입지가 강했다. 이곳은 지나가다가 발에 채는 돌 대부분이 고대 문물일 정도로 곳곳에 문물이 널려 있다.

기원전 5세기~기원전 3세기에 걸쳐 도리아 양식으로 건축된 아폴론 신전은 현재 벽과 원기둥만 남아 있는 실정이다. 아폴론 신전의 우측에는 본래 돌사자 상이 열 개 이상 있었다고 하는데 지금은 다섯 개만 남아 있다. 대리석 조각 가운데 걸작으로 꼽히는 이 돌사자 상들은 델로스 섬의 상징이기도 하다. 델로스 섬이 고대 그리스 문물의 보고이기는 하지만 보존 상태는 그다지 양호하지 않다. 남아 있는 기둥의 잔해와 유적만이 과거의 찬란했던 시절을 대변해 줄 뿐이다.

신전 서쪽에는 아폴론의 쌍둥이 여동생인 달의 여신 아르테미스의 신전이 있다.

'성스러운 길'이라고 이름 붙여진 길을 따라 북쪽으로 가다 보면 '페르시아 해상 동맹 **그리스 도시 국가들이 페르시아에 대항하기 위해 아테네를 중심으로 결성한 동맹**'과 관련된 유적지를 비롯해 앞서 소개한 돌사자 상을 볼 수 있다. 돌사자 상의 왼쪽에는 아폴론과 아르테미스의 어머니 레토 여신의 신전이 있고, 그 오른쪽은 아폴론이 태어난 '성스러운 호수'이다. 호숫가에는 델로스 고고학 박물관이 들어서 있으며, 박물관에 들어서면 많은 대리석 조각을 비롯한 당시 문물을 볼 수 있다.

델로스 섬 전경을 한눈에 감상하고 싶다면 킨투스 산에 올라 보자. 이곳에서는 고대 그리스의 원형 극장 유적을 비롯해 신전, 주택, 조각상 등이 눈 아래 펼쳐진다. 섬

델로스 섬의 상징인 돌사자 상. 찬란했던 과거를 뒤로 한 채 기둥과 터만 남은 지금의 델로스 섬은 황량하기만 하다.

남단에 있는 극장은 기원전 22년경에 지어진 것으로, 현재는 대리석 벽과 5,000여명을 수용할 수 있는 관람석이 남아 있다. 극장 서쪽에는 대규모 주택가 유적이 남아 있다. 또 이 가운데는 제우스의 전령이자 상업의 신으로 알려진 '헤르메스'의 두상이 남아 있어 '헤르메스 저택'이라고 이름 붙여진 개인 저택도 있다. 이 밖에도 델로스 섬은 이교도의 신앙의 자유를 인정해 이집트 신들의 신전 유적도 남아 있다.

에게 해의 거친 파도를 뒤로 한 채 델로스 섬은 오늘도 조용히 찬란했던 과거의 영화를 회상하고 있는 듯하다.

문자를 새긴 주춧돌

델로스 섬은 지나가다가 발에 채는 돌 대부분이 고대 문물일 정도로 곳곳에 문물이 널려 있지만 보존 상태는 그다지 양호하지 않다. 그림에 보이는 주춧돌 잔해에서 과거의 찬란했던 시절을 엿볼 수 있을 따름이다.

미케네와 티린스의 고고 유적

그리스 펠로폰네소스 동북부

Archaeological Sites of Mycenae and Tiryns | N 그리스 Y 1999 H C(Ⅰ, Ⅱ, Ⅲ, Ⅳ, Ⅵ)

미케네와 티린스의 고고 유적은 호메로스의 서사시 〈일리아드〉와 〈오디세이〉의
배경으로 유명하다.

고대 그리스 문명 가운데서도 황금기에 해당하는 미케네 문명은 기원전 12세기에
최고 전성기를 누렸다. 특히 성채, 톨로스Tholos 양식으로 지은 둥근 돌무덤, 섬세하

견고한 미케네 아크로
폴리스

아트레우스 왕의 무덤.
아트레우스의 보물창고
(Treasury of Atreus)
라고도 하며 돔 천장
에 벽돌을 겹겹이 쌓
아 벌집 모양으로 지
었다.

고 정교한 금은 공예품이 유명하며, 미케네 아크로폴리스Acropolis 입구에 버티고 있
는 '사자 문Lion Gate'은 당시의 찬란했던 문명을 엿볼 수 있는 유적이다. 거대한 성채
외벽은 좁게는 3미터, 넓게는 8미터에 달한다.

성채 가운데 가장 뛰어난 건축물인 통치자의 왕궁은 크레타 섬에 있는 왕궁보다
는 훨씬 단순한 느낌을 준다. 궁의 중앙에는 원형의 화로가 놓여 있고 화로 양쪽으로
원기둥이 세워져 있으며 현관과 응접실도 갖추고 있다. 내벽은 벽화로 장식되었는
데, 이러한 예술적 성향은 미노아 문명 Minoan Civilization: 기원전 3000~1100년경 지중해 크레타
섬에서 번성한 청동기 문명으로 '크레타 문명'이라고도 함 의 영향을 받은 것으로 보인다.

미케네 아크로폴리스로부터 멀지 않은 곳에서 비교적 보존 상태가 양호한 '원형

묘지Kykilkos Tafos'가 발견되었다. 이 묘지에서 왕실 능묘 여섯 기와 유골 15구, 그 밖에 많은 보석과 무기 등이 출토되어 찬란했던 미케네 문명을 여실히 증명했다.

기원전 1500년경 수혈竪穴: 땅 표면에서 아래로 파 내려간 구멍식 무덤은 톨로스 양식의 둥근 돌무덤으로 발전했다. 톨로스 묘는 국왕의 무덤으로 추정되어 이 무덤이 나타나기 시작한 미케네 왕국을 '톨로스 왕조'라고 부르기도 한다. 반면에 '수혈 묘'는 금·은·청동기 등이 다량 출토된 것으로 미루어 씨족 사회 족장의 무덤인 것으로 보인다.

톨로스 왕조는 청동기의 전성기를 구가했던 시대로 미노아 문명의 영향이 두드러진다. 미케네 문명을 이룩한 아카이아Achaea인들이 사용했던 선문자 B線文字 B, Linear B가 크레타 왕국의 수도 크노소스 궁전에서 발견된 것으로 미루어 아카이아인들이 크레타를 점령하고 나서 미노아 문화의 영향을 받은 것으로 추측할 수 있다. 선문자 B가 사용된 일부 문헌을 통해 미케네 문명 시대에 이미 노예가 존재했으며, 이들은 궁정, 신전, 귀족, 그리고 세공업자들에게 귀속되어 있었음이 밝혀졌다. 노예의 노동력은 농업과 수공업에 동원되었다.

또한 초보 단계의 군사 행정 조직도 갖추어 국왕 휘하에 군대를 지휘하는 장군과 경호원을 두었으며 상류 계층도 등장했다. 일부 지방에서는 장로회와 같은 조직이 생겨나기도 했다.

부다페스트의 다뉴브 강 연안과 부다 성(城) 지구, 언드라시 거리

Budapest, including the Banks of the Danube,
the Buda Castle Quarter and Andrassy Avenue | N 헝가리 Y 1987, 2002 H C(II, IV)

10세기경에 마자르족Magyars이 건립한 헝가리는 11세기부터 그 세력을 점차 확장하여 15세기에는 중유럽 대국으로 성장했다. 17세기에 오스트리아 합스부르크왕조의 지배를 받다가 1867년에는 오스트리아−헝가리 제국Empire of Austria−Hungary을 수립하고 부다페스트를 수도로 정했다. 아름다운 다뉴브 강이 도심을 가로질러 흐르는 부다페스트는 강 서쪽이 부다, 동쪽이 페스트이다. 부다는 구릉지대에 속하며 페스트는 평야 지대이다.

다뉴브 강을 사이에 두고 마주하던 두 도시는 1872년에 '부다페스트' 라는 하나의 도시로 재탄생했다. 그럼에도 부다와 페스트 각각의 개성이 여전히 빛을 발하며 세계적으로 아름다운 수도 가운데 하나로 꼽힌다.

부다페스트는 역사적으로 수많은 역경을 견뎌낸 도시이다. 부다가 고즈넉하고 고풍스러운 분위기라면 페스트는 다뉴브 강의 정기를 받아 역동감이 넘친다. 다뉴브 강은 부다페스트에 생명의 원동력이라고 할 수 있다. 현재 다뉴브 강에는 다리가 총 여덟 개 가로놓여 있다. 이 가운데 가장 역사가 오래된 세체니 다리Szechenyi Lanchid, 체인교는 1839~1849년에 걸쳐 건축되었다. 총 길이 375미터로 세계에서 다리 경간徑間: 다리의 기둥과 기둥 사이이 가장 넓은 다리로 꼽히며, 부다페스트의 상징이자 최고의 관광 명소이다.

다리 끝에 붙어 있는 광장에 들어서면 이 다리의 설계자인 아담 클라크의 동상을 볼 수 있으며, 다리의 반대편 끝에는 사자 상 한 쌍이 세워져 있다. 다뉴브 강에는 세체니 다리 외에도 엘리자베스에르제베트 다리, 페토피 다리, 자유의 다리, 마거리트 다리, 아르파드 다리 등이 각자의 개성을 뽐낸다.

부다페스트에 들어서면 시민들의 친절한 미소와 깨끗한 도심 환경에 감탄이 절로

아름다운 마차시 성당
(Matyas Templom)

나온다. 정부 기관과 의회 건물을 비롯해 박물관과 대학들도 이곳에 밀집해 있다. 다뉴브 강 동쪽 연안에 있는 페스트는 헝가리 행정과 공상업의 중심지이자 과학, 문화, 교통의 요지이다. 울창한 녹지대가 형성된 페스트 외곽 지대에는 번화한 상업 지대와 주택가가 자리 잡고 있으며, 녹지대를 벗어나면 거대한 공업 단지가 자리 잡고 있다. 페스트의 공업 생산량은 헝가리 전체 공업 생산량의 절반을 차지한다.

페스트의 또 다른 볼거리는 바로 영웅 광장Hosok Tere이다. 1896년에 헝가리 건국 1000년을 기념하여 건립되었으며, 36미터 높이의 '천년 기념비'가 광장 중앙을 장식하고 그 뒤에 16미터 높이의 반타원형 콜로네이드 두 개가 있다. 콜로네이드 중앙에는 1848년에 헝가리를 건립한 초대 국왕 성 이스트반Szent Istvan을 비롯해 헝가리

다뉴브 강변의 헝가리 국회의사당 건물. 헝가리 민족정신의 상징이자 전 세계 의사당 건물 가운데 최대 규모로 손꼽힌다.

세체니 다리. 부다와
페스트를 연결하는 고
리 역할을 한다.

역대 통치자 14명의 조각상이 실물보다 훨씬 큰 크기로 세워져 있다. 다뉴브 강의 중
앙에 있는 마르기트 섬Margit sziget은 부다페스트의 또 하나의 관광 명소로 인기를 끌
고 있다.

　다뉴브 강변에 자리한 헝가리 국회의사당 건물은 방대한 규모의 신고딕 양식 궁
전으로 예술적 가치가 매우 크다.

　1885년에 건축을 시작해 20년에 걸쳐 완공되었고 부지는 1만 7,700여 제곱미터,
길이 268미터, 너비 118미터, 높이 108미터, 그리고 반원형 돔 천장의 높이가 96미
터에 달한다. 건물 양쪽에 흰색 고탑이 자리하고 있으며 아치형 천장이 독특한 멋을
풍기는 내부 홀에는 대리석 기둥 16개가 버티고 서 있다. 이 대리석 기둥에는 역대
통치자들의 조각상이 새겨져 있다. 헝가리 수상의 소재지와 각 정부 기관, 대법원도

인근에 있다.

다뉴브 강 서쪽 연안에 자리한 부다는 전형적인 산성山城 도시로 왕궁 언덕Varhegy, Castle Hill, 젤레르트 언덕Gellert Hegy 등이 분포한다. 부다페스트의 발상지인 왕궁 언덕은 길이 1,500미터, 너비 500미터의 길고 좁은 바위산으로, 주변이 높은 담으로 둘러싸였으며 외부로 통하는 성문은 단 세 개에 불과하다.

왕궁 언덕에서 가장 유명한 관광지는 바로 '부다 왕궁'이다. 왕궁 언덕의 남쪽에 있는 이 왕궁은 전체 왕궁 언덕의 3분의 2를 차지한다. 신바로크 양식의 고전 건축물로 15세기 유럽에서 가장 화려한 면모를 자랑했던 왕궁 가운데 하나로 꼽힌다. 시시 Sisi라는 애칭으로 불렸던 엘리자베스 여왕, 헝가리 마지막 왕조의 국왕, 그리고 섭정했던 호르티Miklós Nagybányai Horthy 제독 등이 머물렀던 것으로 알려졌으며, 2차 대전 전란 중에 파괴되어 지금은 폐허로 남아 있다.

왕궁 왼쪽에는 본래 거대한 정원이 조성되어 있었는데, 지금은 부서질 대로 부서져 돌무더기가 가득 쌓인 빈터만 쓸쓸하게 자리 잡고 있다. 왕궁의 정전正殿, 왕이 나와서 조회(朝會)를 하던 궁전은 현재 국립 전시관으로 변모했고 총 3층 규모의 대형 홀에는 헝가리 역대 유명 화가들의 회화, 조각 작품들로 가득하다. 이 밖에도 왕궁은 노동 운동 박물관, 역사박물관으로 사용되고 있고 헝가리 최대의 도서관도 이곳에 있다.

신고딕 양식으로 지어진 마차시 성당은 헝가리 역대 국왕의 대관식이 거행된 곳이다. 성당 내부는 벽화로 장식되었으며 국왕과 왕후의 석관, 왕관, 십자가, 반지 등의 유물이 보관되고 있다. 성당의 왼쪽 문 양쪽으로 비대칭의 첨탑 두 개가 있는데, 이 중 원기둥 모양의 고탑 하반부에는 상아 모양의 긴 창문이 다섯 개 나 있다.

부다페스트 시내에는 헝가리의 애국 시인 페토피의 동상과 자유의 여신상 등 헝가리의 유구한 역사를 보여 주는 고전 건축물이 많다.

부다페스트의 또 다른 관광 코스는 바로 온천이다. 헝가리는 123개나 되는 온천이 있으며, 부다페스트에는 유럽 최대 규모의 요양 센터가 자리하고 있다.

2차 대전이 끝난 후 재건에 힘써 다시 과거의 찬란했던 모습을 되찾은 부다페스트는 그 도시적 매력을 마음껏 발산하며 세계 각국의 관광객들을 매료시키기에 여념이 없다.

로마 역사 지구

이탈리아의 로마, 바티칸

Historic Centre of Roma | **N** 이탈리아 **Y** 1980, 1990 **H** C(Ⅰ, Ⅱ, Ⅲ, Ⅳ, Ⅵ)

로마 속담에 "로마는 하루아침에 이뤄진 것이 아니다."라는 말이 있다. 기원전 753년에 건립되어 2700여 년의 유구한 역사가 있는 로마는 맨 처음 서로 모여 있는 언덕 일곱 개 위에 터를 잡고 발전하기 시작했다. 시에 대한 자긍심이 강한 로마인들은 로마를 '불멸의 성'이라고 일컫는다. 전체 로마 시 면적의 40%를 차지하는 로마 역사 지구는 행정 구역 12개 가운데 하나로 꼽히며 수많은 유적이 자리하고 있다. 이 가운데 2세기경에 지어진 판테온Pantheon 신전은 '모든 신을 섬기는 신전'이라는 뜻으로, 현존하는 로마의 고대 건축물 가운데 보존 상태가 양호한 건축물이다.

직경 43미터 40센티미터인 원형 돔 천장은 1960년에 직경 100미터의 로마 돔 경기장이 건립되기 전까지는 세계 최대 규모였다. 미학적인 면에서나 건축 기술면에서 최고의 가치를 인정받기에 충분하다는 평을 듣는다.

신을 섬기는 본연의 기능은 상실했지만 유명 인사들의 무덤이 이 신전에 다수 있는 것으로 알려졌다. 수많은 풍파와 역경의 역사를 겪었지만 지금은 철저한 보호 속에 로마인의 자긍심을 대표하는 건축물로 사랑받고 있다.

로마는 도심 곳곳에 600여 개에 달하는 성당과 사원이 분포해 종교 도시라 할 수 있다. 천주교 성당을 비롯해 유대교회, 이슬람 사원에 이르기까지 다양한 종교 건축물이 공존한다. 이 가운데 가장 유명한 성당은 역시 '성 베드로 대성당Basilica di San Pietro in Vaticano'과 '시스티나 성당Sistine Chapel'이다. 시스티나 성당에는 르네상스 시대 3대 거장으로 꼽히는 미켈란젤로의 벽화 두 점이 소장되어 있으며, 특히 천장 벽화 〈천지창조Genesis〉는 탄성이 절로 나오는 걸작이다.

로마 제국은 전쟁에서의 승리를 경축하고 뛰어난 업적을 세운 인물을 기념하기 위해 '개선문'이라는 독창적인 건축물을 세웠다. 세베루스 황제의 페르시아 원정 승리를 기념하기 위한 '세베루스 개선문Arco di Settimio Severo'을 비롯해 동방 원정을 실시한 티투스 황제의 예루살렘 정복을 기념하는 '티투스 개선문Arco di Tito', 그리고 콘스탄티누스 황제가 밀비오 다리에서 가장 막강한 정적이었던 막센티우스를 물리치고 건립한 '콘스탄티누스 개선문Arco di Constantino' 등이 있다. '콘스탄티누스 개선문'은 로마 개선문 가운데 최대 규모를 자랑한다.

로마 역사 지구에는 유명한 광장이 아주 많다. 기원전 5세기에 고대 로마 시대의 시민 광장이라고 할 수 있는 '포로 로마노Foro Romano'가 등장했고, 기원전 51년 '카이사르 광장', 기원전 42년에는 '아우구스투스 광장'이 건립되었다. 고대 로마 시대

315년에 완성된 콘스탄티누스 개선문. 콘스탄티누스 대제가 정적인 막센티우스(Marcus Aurelius Valerius Maxentius)와 벌인 전투에서 승리한 것을 기념하고자 세운 것으로, 로마 제국이 천주교 국가가 되었다는 상징이다.

로마에서 가장 인기 있는 관광 명소 '트레비 분수'. 1762년 니콜로 살비(Nicolo Salvi)의 설계로 건축되었으며 바다의 신 포세이돈의 역동적인 모습을 형상화한 바로크 양식의 작품으로 알려져 있다.

최대 규모에 해당하는 '포로 트라이아노Foro Traiano, 트라야누스 황제 광장' 은 111~114년에 걸쳐 완공되었다. 로마 도심 한복판에 자리한 '베네치아 광장' 은 길이 130미터, 너비 75미터의 장방형 광장으로, 대로 여섯 개가 만나는 교통의 요지이다. 베네치아 광장 남쪽에는 이탈리아의 독립과 통일을 상징하는 '비토리오 에마누엘레 2세 기념관' 이 그 위용을 뽐내고 있다.

베니스와 석호(潟湖)

Venice and its lagoon | 🇳 이탈리아 🇾 1987 🇭 C(Ⅰ, Ⅱ, Ⅲ, Ⅳ, Ⅴ, Ⅵ)

베니스는 작은 섬 120여 개로 이루어진 수상 도시이다. 섬과 섬 사이를 흐르는 수로 150여 개가 도로를 대신하고, 400여 개에 이르는 다리가 운하를 가로지르며 오밀조밀하게 놓여 있다.

각양각색의 다양한 다리를 한 자리에서 감상할 수 있어 베니스는 가히 '다리 박물관'이라고 해도 손색이 없을 정도이다.

산마르코 광장. 모자이크 처리된 대리석 바닥이 인상적이다.

이 가운데 베니스 도심을 가로지르는 대운하의 '리알토 다리'는 독특한 모양으로 깊은 인상을 심어 준다. 1588~1591년에 걸쳐 건립되었으며 길이 48미터, 너비 22미터, 높이 7미터 90센티미터의 아치형 대리석 다리로 특히 넓고 탁 트인 아케이드

arcade: 죽 늘어선 기둥 위에 아치를 연속적으로 만든 것 또는 아치로 둘러싸인 공간을 가리킴 가 유명하다. 다리 양쪽의 강변에는 고풍스러운 베니스의 멋이 잘 드러나는 고건축물들이 자리하고 있다. 1600년에 건립된 '탄식의 다리' 역시 아케이드 다리이다. 형장으로 끌려가던 죄수들이 반드시 건너야 했던 다리로, 이들과 또 이들이 나타나기를 기다리던 가족들의 탄식이 사방에 울려 퍼져 '탄식의 다리'라는 이름을 얻게 되었다.

산마르코성 마가 광장을 중심으로 동서 양 방향에 각각 '산마르코 대성당'과 '두칼

총독부와 감옥을 연결하는 '탄식의 다리'

레 궁전'이 들어서 있으며, 광장 입구에 세워진 원기둥 위에는 날개 달린 청동사자 상이 위용을 뽐낸다. 날개 달린 사자 상은 베니스의 수호신 산마르코의 상징이다. 산 마르코, 즉 '성 마가'는 예수의 4대 제자로 마가복음의 저자이다. 산마르코 광장은 그를 기념하기 위해 건립된 것이며, 나폴레옹이 세계에서 가장 아름다운 광장이라고 칭송한 바 있다.

산마르코 대성당은 1073년에 '성 마가'를 안장하기 위해 지어졌다. 외관은 전형 적인 비잔틴 양식, 내부는 로마 양식과 고딕 양식이며 원형 돔 지붕 다섯 개에는 정 교한 조각과 금빛 찬란한 고딕 양식의 첨탑이 화려한 멋을 더한다.

성당 내부의 정교한 모자이크 벽화는 비잔틴 양식의 대표작으로 꼽힌다. 성당 오 른쪽에 자리한 두칼레 궁전은 다양한 양식의 건축물 종합 세트라고 할 수 있다.

아름다운 물의 도시 베니스에는 교회, 성당 120여 곳, 종탑 120여 곳, 수도원 64 곳, 그리고 궁전과 박물관, 극장 40여 곳 등 역사 문화 유적지가 무려 450여 곳이나 자리하고 있다. 그중에 르네상스 시대의 대표적 건축물 '산타 마리아 데이 미라콜리 교회Chiesa di Santa Maria dei Miracoli'를 비롯하여 바로크 양식의 '산타 마리아 델라 살 루테 교회Basilica di Santa Maria della Salute', 회색 돔 지붕이 인상적인 '산 조르지오 마 조레 성당Basilica di San Giorgio Maggiore'은 모두 베니스의 환상적인 실루엣을 형성하는 상징적인 건물로 꼽힌다.

물의 도시 베니스. 주 요 교통수단인 다리와 선박은 도시의 또 다 른 멋을 선사한다.

시에나 역사 지구

Historic Center of Siena | Ⓝ 이탈리아 Ⓨ 1995 Ⓗ C(Ⅰ, Ⅲ, Ⅳ)

중세 유럽의 모습을 고스란히 간직한 도시 시에나는 이탈리아 고딕 양식의 전형적인 건축물들을 직접 감상할 수 있는 곳이다. 구불구불하고 좁은 골목을 따라 도심을 둘러보노라면 오래된 붉은 벽돌집들이 낮은 언덕과 어우러져 고풍스러운 멋을 풍긴다. 도심 중앙에 자리한 캄포 광장을 중심으로 방사형으로 설계된 도시 계획의 걸작이라고 할 수 있다.

14세기 고딕 양식의 전형을 보여 주는 푸블리코 궁과 만자 탑

　작은 언덕 세 개가 만나는 지점인 캄포 광장은 세계에서 가장 아름다운 광장으로 손꼽히는 곳으로, 붉은 벽돌이 깔린 반원형 광장이다. 흰 실선을 이용해 부채 모양으로 9개 구역을 구분했는데, 각기 시에나 공화국 통치자 9명을 기념하는 것이다. 광장 중앙에는 '기쁨의 분수' 란 뜻의 가이아 분수가 있다.

　1125년에 독립 도시 국가를 형성한 시에나는 1260년 최대 라이벌이던 피렌체와 벌인 전쟁에서 승리하면서부터 정치적 역량이 크게 강화되었고 눈부신 속도로 경제 발전을 이루었다. 은행업, 모직 제조업, 도자기 공업 등이 크게 발전했으며, 이 시기에 시에나 대학도 건립되었다. 르네상스 시대에는 시에나 화파가 등장해 문화적 전성기를 구가했다.

1348년에 세운 '만자 탑Torre di Mangia'은 높이가 102미터에 달하며 건물 꼭대기에 올라서면 도시 전체가 한눈에 들어온다. 만자 탑을 둘러싼 푸블리코 궁은 캄포 광장에 자리하고 있으며, 지금도 시청 청사로 사용되고 있다. 푸블리코 궁 아래에 자리한 광장 예배당은 14세기에 만연했던 페스트를 마침내 퇴치한 것을 기념하여 건립된 것이다. 예배당은 투각透刻 기법을 이용한 철제 담장에 에워싸여 있으며, 내부에는 시모네 마르티니Simone Martini를 비롯한 시에나 화파의 걸작들이 소장되어 있다.

캄포 광장에서 서쪽으로 200미터 떨어진 곳에는 시에나의 또 다른 관광 명소인 두오모 대성당과 미술관 두 곳이 들어서 있다. 12~14세기에 걸쳐 건립된 두오모 대성당은 시에나의 가장 높은 곳에 자리하고 있다. 대리석 줄무늬 도안이 돋보이는 외벽과 외벽의 상단부를 꽃문양으로 장식한 원형 창문, 외벽 주위에 세워져 있는 성인聖人 조각상 40여 개는 화려함의 극치를 보여 준다. 종교적 장면 56개가 새겨진 대리석 바닥은 전성기 시에나의 극에 달한 사치를 보여 주는 일례로 가만히 선 자리에서는 일부만 감상할 수 있다. 3,000제곱킬로미터 규모에 달하는 이 모자이크 바닥 공사에 당시 예술가 400여 명이 참여한 것으로 알려졌다.

두오모 대성당 오른쪽에 있는 미술관에는 시에나 화파 거장들의 작품이 다수 진열되어 있다. 1층에서는 조반니 피사노Giovanni Pisano의 고딕식 조각 작품, 2층에서는 두치오Duccio di Buoninsegna의 대표작 〈마에스타Maestà〉를 볼 수 있다.

12~15세기의 모습을 그대로 간직하고 있는 시에나에 들어서는 순간, 마치 중세 유럽에 온 듯한 착각에 빠지게 될 것이다.

알베로벨로의 트룰리 마을

이탈리아 중부 풀리아(Puglia) 주의 소도시 바리(Bari)

The Trulli of Alberobello | Ⓝ 이탈리아 Ⓨ 1996 Ⓗ C(Ⅲ, Ⅳ, Ⅴ)

이탈리아 알베로벨로는 '트룰리'라는 독특한 구조의 집들이 옹기종기 모여 있는 작은 마을이다. 석회로 하얗게 칠한 외벽, 편평한 회색 자갈을 촘촘히 쌓아 얹은 원추형 지붕 등은 마치 〈백설 공주와 일곱 난쟁이〉와 같은 동화 속에나 나올 법한 환상적인 분위기를 자아낸다.

피라미드식 원형 지붕이나 석회암 석판을 이용한 원추형 지붕이 주축을 이루는 트룰리는 본래 이탈리아 남부 시골에서 흔히 볼 수 있던 가옥이었다. 알베로벨로에

트룰리 가옥의 석조 굴뚝

독특한 원추형 지붕이
돋보이는 트룰리 마을

는 최고 높이의 트룰리가 있는 것으로 알려졌다.

14세기에 처음 등장했으며 이탈리아 바리 지역에서는 지금도 매우 유행하는 주거 형태이다. 알베로벨로에는 약 1,000여 채가 남아 있다.

트룰리의 기원은 아직 밝혀지지 않았는데, 일설에 따르면 중동에서 유래하여 그리스를 거쳐 이탈리아까지 유행하게 되었다고 한다. 지붕에 사용하는 기와가 점차 장식적 성격이 강해지면서 물고기, 새, 심장, 그리고 그리스어 가운데 '신神'을 의미하는 'IHS' 등의 형태를 띠기 시작했다. 알베로벨로를 제외하면 현재 남부 이탈리아에서는 더 이상 트룰리를 찾아보기 어렵다.

한편, 트룰리의 탄생이 탈세와 관련 있다는 주장도 있다. 트룰리의 지붕은 돌을 쌓아 만든 것으로 집체와 분리가 가능하다. 관원이 세금을 징수하러 오면 지붕 전체를 내려서 마치 그 안에 사람이 살지 않은 것처럼 보이도록 했던 것이다.

트룰리 가옥은 굴뚝, 바닥재도 모두 석재를 이용했다. 집들은 서로 연결되어 있으며 연결 부분은 커튼을 쳐서 구분했다. 트룰리에 주로 사용된 석재는 석회암으로 간단한 손질만 가해서 바로 사용했다.

트룰리는 내벽과 외벽의 이중 구조이며 그 틈은 흙과 모래로 채워 넣었다. 외벽은 석회로 하얗게 칠하고 지붕은 6센티미터 두께의 자갈을 쌓았는데, 칠을 하지 않아서 시간이 지나면 검게 변하거나 이끼가 자라기도 했다.

지금 알베로벨로의 트룰리 마을을 방문하면 트룰리 가옥 앞에 현지 특산물이 가득 진열되어 있는 것을 볼 수 있다. 남부 이탈리아의 아름다운 자연 풍경과 소박한 시골 마을의 삶을 직접 체험해 볼 수 있는 곳이다.

폼페이 및 헤르쿨라네움 고고학 지역과 토레 안눈치아타

이탈리아 동남부 베수비오 화산 부근

The Archaeological Areas of Pompei, Herculaneum, and Torre Annunziata |

N 이탈리아 **Y** 1997 **H** C(Ⅲ, Ⅳ, Ⅴ)

기원전 4세기부터 고대 로마 제국의 영향을 받은 폼페이 성은 로마 제국이 지중해 무역의 강자로 부상하는 데 발판이 되었다. 기원전 89년 로마 제국에 완전히 점령당했으며, 이 시기에 신전과 공회당을 비롯해 호화 저택도 다수 등장했다.

그러나 생기와 활력이 넘치던 폼페이 성은 79년 8월 25일 긴 잠에서 깨어난 베수비오 화산의 폭발로 거대한 용암에 뒤덮여 사라져버렸다. 이 화산 폭발로 폼페이 성은 물론 헤르쿨라네움, 스타비아 두 도시도 완전히 파괴되었다. 그러다 근대의 1860년부터 100년에 걸친 대규모 발굴 작업을 통해 마침내 베일에 싸여 있던 폼페이 성의 모습이 서서히 드러났다.

당시 폼페이는 동서 길이 2,600미터, 남북 1,600미터, 총 면적 1,800제곱미터의 거대한 상업 도시였으며 길이가 4,800미터에 달하는 성벽에 둘러싸여 있었다. 이 성곽에는 성문이 일곱 개였고 성탑이 14개 세워져 있었다. 성 안으로 들어서면 중심에 분수가 있고 웅장한 포르투나아우구스타 신전, 목축의 신 '판Pan'의 신전 등이 있다. 남북 방향으로 난 큰 대로가 동서 방향의 두 대로와 수직으로 교차하고 작은 골목들이 가지런히 분포해 마치 바둑판을 연상시킨다. 도로는 대부분 석재로 포장되었고 마차가 지나간 바퀴 자국도 남아 있다. 대로 사거리에는 석재 조각으로 장식한 물탱크가 놓여 있는데, 과거에 시민들에게 상수를 공급하던 급수탑과 연결되어 있다.

승리를 상징하는 월계관

폼페이 성 서쪽으로 고대 공공건물들이 밀집해 있는 '삼각 포룸공회장' 지역에는 공회당, 제우스 신전, 아폴론 신전 등이 있다. 이 가운데 가장 오래된 건물인 아폴론 신전에서는 기원전 6세기경의 그리스 도자기 등이 발굴되었다. 성 동남쪽에 있는 원형 노천극장은 기원전 70년경에

폼페이 성의 아폴론 신
전 안에 세워진 아폴
론 청동상

건립된 것으로 2만 명을 수용할 수 있으며, 당시 고대 로마 제국에 우후죽순처럼 생
겨난 경기장의 하나였다. 성의 정남 방향에는 관중 1,200명을 수용할 수 있는 극장
과 사각형의 운동장이 있다. 이와 같은 대규모 공공시설 외에도 폼페이 성에는 수많
은 호화 저택이 지어졌다. 거대한 대리석 원기둥을 이용한 단층 가옥들이 주를 이루
며 대리석을 이용한 정교한 문, 바닥을 비롯해 화려한 색감을 자랑하는 벽화, 모자이
크 기술을 이용한 문양 등이 눈길을 사로잡는다.

폼페이 성에는 벽화 유적이 다수 남아 있다. 이 가운데 너비 6미터 50센티미터,
높이 3미터 83센티미터의 모자이크 그림 〈이소스 전투−알렉산더 대왕과 페르시아
다리우스 왕의 전투〉가 유명하다.

살아 있는 역사박물관으로서 높은 가치를 인정받는 폼페이 성은 고대 로마 제국
당시의 도시 면모를 생생하게 엿볼 수 있는 문화의 보고라 할 수 있다.

나폴리 만에서 멀지 않은 곳에 자리한 헤르쿨라네움은 고대 로마 제국 당시 자치
도시로서 자연, 인문 환경이 뛰어나 귀족들의 휴양지로 인기를 끌었다. 화산 폭발로
파괴되기 전까지 이곳은 호화 저택을 비롯해 신전, 묘지, 상점들로 번화하기 이를 데
없는 도시였다.

헤르쿨라네움 옆에 있는 토레 안눈치아타는 로마 제국의 부유하고 화려했던 생활
상을 보여 주는 벽화로 유명한 유적지이다.

킨더디지크-엘슈트 풍차망

네덜란드 킨더디지크-엘슈트

Mill Network at Kinderdijk-Elshout | Ⓝ 네덜란드 Ⓨ 1997 Ⓗ C(Ⅰ, Ⅱ, Ⅳ)

네덜란드는 풍차, 튤립, 요구르트, 나막신으로 유명한 나라이다. 특히 풍차는 오랫동안 네덜란드의 상징으로 사랑받았으며, 이로써 네덜란드는 '풍차의 나라'로 인식되고 있다.

풍차는 십자형 날개를 단 것이 가장 보편적인 형태로 축대 높이가 4층 건물 규모와 맞먹으며 날개 길이는 20미터에 달한다. 각 날개에 격자무늬의 지지대가 달려 있으며 천으로 표면을 덮어 풍력 발전에 유리한 구조이다.

풍차는 작업실과 일상적인 생활공간 등 총 6층으로 구성된다. 네 개의 거대한 날개를 펴고 풍력을 이용해 주민들에게 토지 관개용수, 방아, 종이 제작 등 다양한 에너지를 제공하는 역할을 했다.

과학 기술이 발전하면서 내연 기관內燃機關, 전동기 등이 풍차의 역할을 대신하고 있지만, 지금도 네덜란드에서는 풍차 300여 대가 여전히 가동된다. 푸른 잔디밭을 배경으로 유유히 돌아가는 풍차의 정경은 네덜란드 시골 마을의 전형적인 모습으로 마치 한 폭의 그림을 보는 듯하다.

네덜란드에서는 매년 5월 둘째 주 토요일을 '풍차의 날'로 정하고 전국의 풍차를 가동해 관광객들에게 잊지 못할 볼거리를 제공한다.

네덜란드를 상징하는 풍차

베르겐의 브리겐 지역

노르웨이 남서부 호르달란(Hordaland)

Bryggen | N 노르웨이 Y 1979 H C(Ⅲ)

1070년에 울라프 3세가 건설한 베르겐은 12~13세기 노르웨이의 수도로 최초로 국왕의 대관식이 거행된 곳이다.

노르웨이 제2의 도시이자 최대 항구 도시이며 고산과 피오르드 해안 사이에 자리한다. 도심으로 들어서면 중세의 특징이 그대로 묻어나는 목조 가옥과 부두, 노천 어시장, 콜로네이드 점포 등이 둥근 자갈길을 따라 늘어서 있는 것을 볼 수 있다. 이 가운데 브리겐 지구는 당시 대외 무역을 독점했던 노르웨이 귀족의 소유지였던 곳으로, 중세 스칸디나비아 반도의 최대 무역항이었다.

14세기에 상업 도시로 명성을 떨친 베르겐은 독일 무역상들이 운영과 관리를 주도했다. 베르겐의 동쪽 부두 연안에는 소박하고 꾸밈없는 3층 목조 가옥이 줄지어 있는데, 좁고 긴 창문과 가파르게 경사진 삼각 지붕 등이 눈길을 끈다. 이 밖에도 12세기에 건립된 성모 마리아 성당 등 중세 유적지가 많다.

역사가 유구한 노르웨이의 상업 도시 베르겐은 공업, 해운업 등이 발달했으며 해양 어획량은 세계 최고 수준을 자랑한다. 어업 관련 주요 수출항으로도 유명하다.

성모 마리아 성당은 본래 게르만 상인들의 교회였던 건물로 로마식 건축 양식으로 지어졌다. 베르겐에서 가장 오래된 건축물에 해당한다. 과거 수차례 화재를 당해 재건을 반복했지만 북유럽 전통 목조 가옥의 보고로 그 가치를 인정받고 있다.

베르겐 어시장 광장은 본래 상인들의 주거지였던 곳으로, 1872년에 박물관으로 재탄생했다. 또 성당 맞은편에는 석재를 이용한 대형 공공 금고가 있다. 베르겐은 노르웨이 출신 덴마크 극작가 루드비그 홀베르그Ludvig Holberg와 작곡가 에드바르트 그리그Edvard Grieg의 고향으로도 유명하다.

바르샤바 역사 지구

Historic Centre of Warsaw | N 폴란드 Y 1980 H C(II, VI)

13세기에 건설된 바르샤바는 폴란드에서 가장 오래된 역사 도시로 꼽힌다. 본래는 비스와Wisła 강 연안의 작은 도시에 불과했으나 15세기 중엽부터 무역과 수운이 발달했고 1569년에 마조비에츠키에Mazowieckie 주 정부 소재지이자 폴란드 의회의 정기 개최지로 정해졌다. 그해에 폴란드의 수도는 크라쿠프에서 바르샤바로 공식 이

맑고 단아한 색감이 돋 보이는 바르샤바 시내 의 건물들

▲2차 대전 후 관련
자료를 바탕으로 복구
된 구시가지 광장

전되었다.

　바르샤바 역사 지구의 유적지와 명승지 대부분은 구시가지에 밀집해 있다. 그중
에 비스와 강변에 세워진 청동 인어 조각상은 지금까지 오랫동안 바르샤바의 상징으
로 여겨지고 있다. 바르샤바를 지키는 수호신인 이 인어 상은 자유와 행복에 대한 폴
란드 국민의 희망을 의미하기도 한다. 1572년에 건립된 바르샤바 성곽에는 아우구
스투스 왕궁과 의회가 자리하고 있다. 성곽 광장의 동쪽, 비스와 강변의 구舊왕궁에
는 수많은 보물과 예술품이 소장되어 폴란드 문화의 위상을 자랑한다. 1644년에 건
립된 바로크 양식의 지기스문트 3세 기념비도 이 광장에 있으며, 와지엔키 궁Palac
Lazienkowski, 성 요한 성당St. John Cathedral, 성 십자가 성당, 로마 교회, 러시아 교회 등
도 구시가지에 있다. 이와 달리 신시가지에는 현대식 빌딩이 즐비하다. 바르샤바에
는 대학 13곳과 공공도서관 170곳을 비롯해, 박물관 26곳, 극장 19곳, 오페라 극장
세 곳, 음악당 두 곳, 영화관 68곳 등이 들어서 있으며, 위대한 음악가 쇼팽의 선율을
느낄 수 있는 예술의 도시로 관광객의 발길이 끊이지 않는다. 시장 광장에 들어서면

2차 대전 당시 바르샤
바의 수많은 건축물이
훼손되거나 파괴되었
다. 복구 작업을 거쳐
재건된 구시가지 광장
에는 르네상스 양식과
바로크 양식의 건축물
들이 제 모습을 다시
드러냈다.

바르샤바에서 가장 오래된 성당인 성 요한 성당을 볼 수 있고, 또 성 십자가 성당은
폴란드의 위대한 음악가 쇼팽이 잠들어 있는 곳으로 유명하다.

바르샤바의 고성은 붉은 벽돌담으로 에워싸여 있다. 2차 대전이 종식된 후 본래
모습에 근거하여 복구 작업을 진행한 결과, 총 900여 개 가운데 700여 개가 재건되
어 중세 도시의 모습을 어느 정도 되찾았다.

바르샤바는 1차 대전이 발발하기 전에 이미 현대화된 도시로서 면모를 갖추고 있
었다. 잘 조성된 녹지와 단아한 색감의 건물들이 어우러져 우아한 분위기를 연출했
고 아름다운 비스와 강이 남북을 가로질러 유유히 흐르는 모습이 도시에 멋을 한층
더했다. 또, 총 70개에 달하는 공원이 조성되어 녹화 면적이 130제곱킬로미터에 달
했다. 1인 평균 녹지 점유율은 78제곱미터로 세계 최고 수준을 자랑한다.

바르샤바 신시가지의 TV 타워는 높이가 약 645미터로 바르샤바 도심 전경을 한
눈에 감상할 수 있는 스카이라운지 레스토랑이 400여 곳 들어서 있다.

크라쿠프 역사 지구

폴란드 바르샤바 250킬로미터 지점 크라쿠프 주

Cracow's Historic Centre | N 폴란드 Y 1978 H C(VI)

크라쿠프 역사 지구는 중세기 폴란드의 수도이자 문화적으로 명성이 높은 도시였다. 16세기 말에는 빈, 프라하와 함께 중부 유럽의 대표 도시로 꼽혔다. 크라쿠프 대학은 지동설을 주장한 코페르니쿠스가 수학했던 곳으로 유명하며, 지금도 당시에 코

크라쿠프 도심을 가로지르는 카를 다리. 다리 양쪽으로 바로크 양식의 건축물과 조각 작품들이 늘어서 있다.

페르니쿠스가 사용했던 천문기기들이 보관되어 있다. 세계적인 대문호 괴테도 크라쿠프 지역을 유람했던 것으로 알려졌다.

중세 유럽의 고풍스러운 분위기를 그대로 간직한 크라쿠프에는 성당, 시장 등 고대 건축물들이 다수 보존되어 있다. 8~9세기에 바벨 산에 건축된 바벨 성곽은 폴란드 역대 국왕의 대관식이 거행된 곳이다. 지금은 박물관으로 사용되며 역사적 유물을 대거 소장하고 있다.

1018년에 건립된 바벨 대성당은 고딕 양식의 건축물로 돔 지붕으로 설계되었다. 붉은 벽돌을 쌓아 지은 고딕식 종탑, 바로크 양식의 돔 천정이 눈길을 사로잡는다. 성당 내부로 들어서면 아치형 능묘가 눈에 띈다. 이곳은 폴란드 역대 국왕의 묘지로 국왕과 왕비의 시신을 안치한 석관이 보관되고 있다. 또 폴란드의 유명 조각가 위트 스토자 Wit Stwosz가 성모 마리아와 예수님의 일생을 묘사한 목조 조각 작품은 15세기 크라쿠프 시민들의 다양한 모습을 담은 인물상이 생동감 넘치게 표현되어 있다.

그라나다의 알람브라 궁전

Alhambra, Generalife and Albayzin, Granada | **N** 스페인 **Y** 1984, 1994 **H** C(Ⅰ, Ⅲ, Ⅳ)

알람브라 궁전은 무어 족이 스페인의 공격을 막을 목적으로 지은 일종의 요새 성곽이다. '붉은 성채'라는 뜻의 이름을 붙인 이 궁전은 탑과 여장으로 구성되며 궁전 건축물의 최고봉으로 꼽힌다.

그라나다의 황금시대를 상징하는 건축물로, 13세기부터 건축되었고 이후 수차례 재건과 증축 과정을 거쳐 웅장하고 아름다운 궁전으로 탄생했다. 14세기에 모하메드 5세가 이 궁전에 더욱 화려한 장식을 가미했다고 알려졌으나, 1492년에 스페인에 함락 당해 무어 족이 추방 당하면서 내부 장식이 크게 훼손되었다. 카를 5세 집권기에는 궁전의 일부를 철거하고 일부는 르네상스 시대의 건축 양식을 모방하여 다시 지어 이탈리아풍 궁전의 면모를 갖추었다. 무어 왕조 시대의 가장 오래된 건축물은 궁을 보호하는 성곽으로, 망루가 23개 세워져 있다. 성 안에는 알람브라 궁을 주축으로 한 건축물들이 몽환적 분위기를 연출하며, 정교한 부조 장식은 찬란한 이슬

알람브라 궁전. 무어 건축 예술의 최고봉으로 꼽히는 이 궁전은 무어 왕조의 발상지로 알려졌다.

람 문화의 정수를 보여 준다.

알람브라 궁전은 동서 너비 700미터, 남북 길이 200미터 규모로 사방이 붉은 점토를 이용한 토담으로 둘러싸였다. 토담의 총 길이는 2킬로미터에 달하며 견고한 문이 다섯 개 나 있고 서쪽에 높은 망루가 있다. 성 안은 호위 구역, 이슬람 사원 구역, 왕궁 등의 구역으로 나뉜다. 화원과 건축물이 아름답게 조화를 이루며 독특한 매력을 발산한다. 방들은 대부분 사방에 문을 냈고 도금양중정桃金孃中庭, 파티오 데 로스 아라야네스(Patio de los Arrayanes): 도금양은 쌍떡잎식물의 일종과 두 자매의 방살라 데 라스 도스 에르마나스(Sala de las Dos Hermanas), 외국 사절단실살라 데 로스 엠바하도레스(Sala de los Embajadores) 등 특이한 명칭의 부속 건물들이 있다. 궁전 내에서 가장 큰 저수지가 있는 도금양중정은 장방형의 저수지 양쪽으로 아름다운 도금양이 수면 위로 비치며 독특한 광경을 연출한다. 여기에 우아한 콜로네이드와 정교한 아치문이 어우러지며 한껏 매력을 발산한다. 이 저수지는 길이 42미터 80센티미터, 너비 22미터 60센티미터 규모로 대리석을 잘라 조성한 것이다. 도금양중정에 있는 대접견실은 금은사로 상감한 기하 도안이 화려함을 더하고, 중앙에 높이 22미터 90센티미터의 원기둥이 세워져 있으며, 술탄Sultan의 권좌도 마련되어 있다. 정교한 별무늬가 조각된 천장이 화사한 색감으

사자모양 분수가 12개 있는 사자중정(獅子中庭, 파티오 데 로스 레오네스[Patio de los Leones])의 전경. 풍파의 시달림 속에서도 여전히 그 고유한 매력을 발산하고 있다.

로 시각을 자극하고 아치형 창문이 이국적인 분위기를 선사하는 이곳은 외국 사절단의 접견 장소였다.

콜로네이드를 따라 안으로 들어가면 후궁後宮을 비롯해 석재로 만든 수로가 있다. 후궁들의 거처였던 사자중정은 길이 28미터, 너비 16미터의 장방형 궁으로 새하얀 대리석 원기둥이 불규칙하게 들어서 있다. 이 기둥들은 사방의 콜로네이드와 돔 지붕을 지탱하는 구실을 한다. 기둥마다 정교하고 화려한 석고 조각으로 장식되어 있는데, 이슬람교에서 사람, 동물, 식물을 도안 이미지로 사용하지 못하도록 엄격하게 금지한 탓에 도식화된 기하 도안과 아라베스크가 크게 발달했다. 콜로네이드와 아치문 중간에는 시토회 교도들이 손을 씻던 장소를 모방하여 만든 건축물이 있다. 힘과 용맹을 상징하는 대리석 사자 상 12개가 등에 수반水盤을 떠받치고 궁 중앙에 자리한다. 수면 위로 아치문과 콜로네이드의 모습이 비치면서 아름다운 장관이 연출된다. 여름이 되면 산속의 차고 맑은 샘물이 궁전 안 침실까지 유입되도록 설계해 시원함을 더했다.

사자중정 옆에 자리한 '두 자매의 방' 궁전은 돔 지붕 위에 움푹 들어간 작은 구멍 문양 5,000여 개가 마치 벌집을 연상케 한다. 무어 족 건축 양식의 대표작으로 꼽

히는 이 궁전은 동쪽으로 고목과 저수지가 어우러진 아름다운 화원이 있고 지세가 매우 높은 여름 별궁이다. 고풍스러운 콜로네이드와 매력적인 테라스는 더할 나위 없이 낭만적인 분위기를 연출한다. 무어 왕조의 피서지로 인기를 얻었던 이곳은 천국과 가장 가까운 곳으로 인식되었다.

사자중정과 도금양중정이 만나는 지점에 있는 카를 5세의 궁전은 이탈리아 르네상스 분위기가 물씬 풍긴다. 전반적으로 아랍, 이슬람 문화의 색채가 짙은 알람브라 궁전에서 매우 특이한 건축물이다. 길이 36미터, 너비 23미터 규모의 정원 양쪽에는 가늘고 정교한 기둥이 늘어선 콜로네이드가 있고 정원 북단의 콜로네이드 뒤로 외국

빼곡하게 들어선 원기둥이 말굽 문양 아치 장식과 어우러져 장관을 연출하는 사자중정. 알람브라 궁전 제2의 궁이다.

사절을 접견하는 접견실이 마련되어 있다. 내부는 화려한 석고 부조로 장식되었고, 밖으로 나오면 13세기에 건축된 별장이 있다. 역대 군주의 조각상이 새겨진 돔 지붕에는 작은 아치형 창문이 촘촘히 나 있어서 채광이 더할 나위 없이 좋다.

　무어 왕조 최고의 전성기를 보여 주는 알람브라 궁전은 이슬람 건축 양식의 특징이 잘 드러난다. 이스마일 Abu l-Walid Isma'il 국왕이 1319년에 지은 것으로 알려진 헤네랄리페 궁전은 현재는 건축물 두 개만 남아 있는데 역대 국왕들이 여름 별장으로 사용했다.

'조물주의 정원'으로 일컬어지는 헤네랄리페(Generalife) 별궁. 공간미가 뛰어나다고 평가받으며, 특히 그림에 보이는 수로가 유명하다.

톨레도 구시가지

스페인의 수도 마드리드 남서쪽 70킬로미터 지점

Historic City of Toledo | N 스페인 Y 1986 H C(I , III, IV)

스페인의 역사 도시 톨레도는 타호 강Río Tajo이 도시를 병풍처럼 휘감으며 흘러 자연스럽게 해자를 형성하고 있다. 난공불락의 도시로 명성이 높은 이곳은 현대식 건물이라고는 눈 씻고 찾아봐도 없다. 성당, 사원, 왕궁, 수도원, 박물관, 성벽, 그리고 일반 주택에 이르기까지 모두 수백 년, 수천 년 이상의 역사가 있어 고풍스러우면서도 소박한 매력을 풍긴다. 또한 격투 경기장, 수로교水路橋, 배수관 등 로마 시대의 유적이 남아 있고, 도시를 감싸는 순환도로 외에는 대부분 길이 인도이다.

로마 제국에 이어 서고트족이 스페인을 통치한 적이 있다. 서고트족은 톨레도에 왕궁을 세우고 이곳을 정치, 종교의 중심지로 삼았다.

톨레도 구시가지는 다양한 시대의 다양한 건축 양식이 혼재하는 양상을 보인다.

1085년에 알폰소 6세가 이곳을 점령하고 나서 카스티야 왕국의 수도이자 종교 중심지로 대두되었고 기독교, 이슬람교, 유대교 등 세 문화가 조화롭게 공존하며 발전하는 양상을 보였다. 그래서 13~15세기 기독교의 영향을 받아 건축된 고딕식 왕궁과 대성당을 비롯해 이슬람 사원 건축물도 쉽게 찾아볼 수 있다. 다양한 건축 양식이 공존하기 때문일까? 톨레도는 그 어느 도시보다 신비하고 몽환적인 분위기가 강하다.

　이슬람 시대의 건축물로는 라스토에르네리아스 모스크와 16세기 중엽에 톨레도 성의 정문으로 건축된 비사그라 문Puerta de Bisagra 등의 유적이 남아 있다. 문의 정면에는 스페인 국왕 카를로스 1세의 권위를 상징하는 독수리 휘장을 새겼다. 13세기에 세워진 태양의 문Puerta del Sol은 자오선子午線상에 있다고 알려졌는데, 일출에서 일몰까지 강렬한 태양 광선이 이곳을 비춘다. 웅장하고 늠름한 이 문은 이슬람 건축의 전형을 보여 준다. 스페인 최대 성당인 톨레도 대성당은 스페인 추기경이 거주하는 곳으로 톨레도 동쪽에 있다. 1227년에 짓기 시작해 226년에 걸쳐 완성했으며 내부에 수많은 예술품을 소장하고 있다. 14세기에 지어진 산토 토메Sao tome 교회는 세계적 명화로 꼽히는 엘 그레코El Greco의 〈콘데 데 오르가스의 묘지Burial of the Conde de Orgaz〉을 소장하고 있는 것으로 유명하다.

　이 밖에도 16세기 스페인 전성기의 상징이자 이사벨라 여왕의 거처였던 알카사르 요새 성곽도 있다.

카세레스 구시가지

스페인의 수도 마드리드 남서쪽 300킬로미터 지점

Old Town of Caceres | N 스페인 Y 1986 H C(Ⅲ, Ⅳ)

스페인 서부 지역의 역사 도시 카세레스는 카세레스 주의 주도로 그 기원은 기원 전 3세기로 거슬러 올라간다. 긴 역사 동안 로마의 식민지였다가 무어 족의 통치를 받는 등 파란만장한 세월을 보냈다.

15세기 말, 신대륙이 발견되고 카스티야 왕국이 독점 무역을 발전시키면서 교통 과 무역의 요새로 번영을 누렸다. 이슬람 양식, 북유럽 고딕 양식, 이탈리아 르네상 스 양식 등 다양한 문화가 고루 녹아든 건축물들이 공존하며 이러한 번영은 16세기 까지 계속되었다.

스페인 남부 코스타델 솔(Costa del Sol, 태양의 해변). 쾌적한 기후와 찬란한 태양, 아름다운 고성이 어우러진 이곳은 당시 번영을 누렸던 무역 도시의 모습을 떠올리게 한다.

184

카세레스 성은 작은 탑들이 세워진 중세 시대의 두터운 성벽으로 둘러싸여 있다.

일종의 요새 성곽의 특징이 있으므로 성 안으로 진입하는 대문을 감시하는 '부하고 탑'을 비롯해 서쪽으로 탑 다섯 개가 웅장한 기세를 뽐내며 서 있다. 석재를 절단해 견고하게 지은 탑 가운데에는 페르디난트Ferdinand 국왕과 이사벨라 여왕의 명으로 지어진 성가퀴 유적도 남아 있다. 이 밖에도 13세기 건축물 산타아나Santa Ana 아치문과 18세기 로마 시대의 기독교 건축물도 있다.

옹기종기 붙어 있는 카세레스의 고건축물

구시가지 남쪽을 방어하는 '레돈도Redondo 탑'은 다각형 바닥과 말굽 무늬 아치로 유명하다.

동쪽의 '로스포소스Los Pozos 탑'과 북쪽 성벽에 난 30미터 높이의 통로 등은 모두 방어 목적이 강하게 드러나는 건축물이다.

또한 로마 시대와 서고트 왕국 시대의 돌기둥을 볼 수 있는 귀족 저택들을 비롯해 다양한 시대의 건축 양식이 혼재해 두루 감상할 수 있는 성당 건축물도 자리한다. 14세기 건축물에 해당하는 산 마테오 성당은 이슬람 사원 유적지에 지은 것으로, 단랑식單廊式: 측랑(側廊)이 없는 양식 구조에 반원형 아치 위로 부채 모양의 돔 천장이 인상적이다. 1780년에 건축된 산타마리아 대성당은 로마네스크 양식에서 고딕식까지 다양한 시대의 건축 양식을 감상할 수 있는 건축물이다.

산타마리아 대성당은 카세레스 구시가지 동쪽의 동명 광장에 자리하며, 작은 예배당 세 곳과 카세레스 명사들의 무덤이 있는 곳이다. 성당의 종탑 아래에는 기독교에 헌신한 베드로가 갑옷을 걸치고 말에 올라 검을 휘두르는 장면을 묘사한 동상이 세워져 있다.

카세레스 구시가지의
좁은 골목

17세기 중엽에 예수회에서 건립한 산 프란시스코 하비에르Saint Francis Xavier 성당은 삼랑식三廊式: 기둥들을 경계선으로 신랑(身廊, nave: 교회 중앙 본당)과 측랑(側廊, aisle), 후진(後陳, apse: 교회 제단 뒤쪽, 측랑 끝에 있는 반원형 또는 다각형 공간)으로 나눈 양식 건축물로 넓은 익랑, 그리고 반구형 돔 지붕 구조로 되어 있다.

14세기에 지어진 모하메드 관은 카세레스 구시가지에 현존하는 유일한 톨레도 양식 건축물이며, 골피네스데아바호 저택은 카세레스에서 가장 아름다운 민간 저택에 해당한다.

카세레스 주 고고박물관에는 무어 족의 요새 유적에 세운 저택이 있는데, 이곳에는 아름다운 저수지와 예배당 건축물 다섯 개를 비롯해 켈트 족 유적지, 서고트 족과 로마인이 세운 돌기둥, 고대 화폐 등도 소장되어 있다.

세고비아 구시가지와 수로

Old Town of Segovia and its Aqueduct | N 스페인 Y 1985 H C(I , III, IV)

세고비아 구시가지와 수로는 스페인의 유명한 고대 유적으로 현존하는 로마 시대의 건축 유적 가운데 보존 상태가 가장 양호한 편에 속한다.

해발고도 1,000미터 지점에 있는 세고비아 구시가지에는 13세기에 건축된 알카사르 성곽을 비롯해 16세기 고딕 양식의 스페인 대성당, 로마 시대의 수로 등이 보존되고 있다. 높이 80미터에 이르는 망루를 비롯해 첨탑이 뾰족하게 솟아 있는 성곽은 웅장미가 넘친다.

1525년 유대교 교인들의 거주지에 지어진 산타마리아 성당은 길이 105미터, 너비 50미터, 높이 33미터 규모로 종탑의 높이는 88미터에 달한다. 중앙 제단의 병풍에는 성모상이 세워져 있고 길이 70미터의 익랑과 작은 예배당 7곳도 함께 있다. 스페인 건축물 가운데 가장 마지막으로 지어진 고딕 양식 성당으로 그 가치를 인정받고 있다.

이 밖에도 '스페인 탑의 제왕'이라는 별명이 있는 산 에스테반 성당Parroquia de San Esteban 6층 종탑을 비롯해 정통 세고비아 양식의 산 안드레아스 성당이 있다.

세고비아에서 가장 오래된 건축물이자 역사적 가치가 큰 인공 수로 '카스텔룸 아쿠아'는 화강암을 절단해 아치형의 2층 구조로 만든 것이다. 아치 128개로 구성된 이 수로는 길이 813미터, 최고 높이 30미터의 석조 구조물이다.

로마 시대에 건축된 2층 구조의 인공 수로

드로트닝홀름 왕실 영지

Royal Domain of Drottningholm | N 스웨덴 Y 1991 H C(IV)

드로트닝홀름 왕궁은 스웨덴 왕실의 여름 별장으로 궁전과 정원, 네 개의 붉은 탑 등으로 꾸며져 있다. 1537년에 스웨덴 왕국을 세운 구스타프 바사Gustav Vasa 국왕이 카타리나 왕비를 위해 지은 것으로, 안타깝게도 왕궁이 완공되기 전에 왕비는 세상을 떠나고 말았다.

1700년에 프랑스 바로크 양식을 살려 중건되었으며 스웨덴 건축물 가운데 매우 중요한 위치를 차지한다. '북유럽의 베르사유 궁'으로 불릴 만큼 북유럽 정통 바로크식 건축물과 정원의 대표작으로 꼽힌다. 드넓은 영지에 정갈하게 손질한 화목원, 분수 가운데 놓인 청동 조각상과 보리수나무가 우거진 길목 등이 우아한 분위기를 연출한다. 1754년에 새로 증축된 궁정 극장은 18세기의 중요 극장 건축물로 그 가치를 인정받고 있다. 16세기부터 발트 해 Baltic Sea 해상권을 차지하려는 제정 러시아와 스웨덴 사이에 전쟁이 끊이지 않았다. 이 왕궁에는 당시 스웨덴이 전리품으로 획득한 대포 두 대가 진열되어 있다.

'북유럽의 베르사유 궁'으로 불리는 드로트닝홀름 왕궁. 초상화를 다수 소장한 것으로 유명하다.

웨스트민스터 궁, 수도원과 세인트 마가렛 교회

영국 런던의 템스 강 북부

Westminster Palace, Westminster Abbey and Saint Margaret's Church | N 영국 Y 1987 H C(I , II , IV)

웨스트민스터 궁은 영국 최고의 입법 기구, 즉 상·하원의 소재지로, 국회의사당으로 더 잘 알려졌다. 세계 최대 규모의 고딕식 건물로 면적이 7,200제곱미터에 달한다.

웨스트민스터 수도원은 영국의 역대 국왕, 여왕의 대관식을 비롯해 왕실의 결혼식이 거행되는 곳이며, 세인트 마가렛 교회는 16세기에 지어진 교구 교회이다.

국회의사당으로 사용되는 웨스트민스터 궁 역시 16세기 건축물로, 1950년에 중건하면서 웨스트민스터 지역이 영국의 정치 중심으로 떠올랐다. 길이 72미터, 너비 21미터, 높이 27미터 50센티미터의 대형 홀은 상수리나무를 동량棟樑으로 사용했으며, '정복 왕'이라고 불렸던 윌리엄 1세의 왕자 가운데 한 명이 지은 것으로 알려졌다. 현존하는 건축물은 1097년에 지은 것으로 900여 년의 역사를 자랑한다.

동쪽이 템스 강에 인접하고 정문

영국 고딕 건축물의 걸작으로 평가받는 웨스트민스터 궁

이 남쪽으로 정문이 나 있는 주 건물은 건물 세 개가 하나의 몸체를 이루며 그 길이가 300미터에 달한다. 팔각형의 중앙 홀을 중심으로 남쪽은 상원, 북쪽은 하원이다. 궁전 남단에는 높이 102미터의 23층 건물 빅토리아 타워가 있으며 북단에도 92미터 40센티미터의 탑이 있다. 웨스트민스터 궁의 상징인 대형 시계탑 빅벤Big Ben은 91미터 높이에 큰 시계바늘이 4미터 25센티미터, 작은 시계바늘이 2미터 75센티미터 규모이며 가장 유명한 건축물로 꼽을 수 있다. 궁전 외벽에는 길고 가는 창문들이 2층 구조로 나 있고 신고딕 양식의 첨탑 지붕이 하늘을 찌를 듯 웅장한 기세를 뽐낸다.

웨스트민스터 궁 안의 상원 의사당은 길이 27미터 50센티미터, 너비 14미터의 장방형 구조로 붉은색이 기조를 이루며 고풍스러운 분위기를 연출한다. 정면에 여왕의 권좌가 보이고 의장석에는 영국 산업혁명의 시초인 방직업을 상징하는 양피가 걸려 있다.

하원 의사당은 길이 23미터, 너비 14미터의 장방형 구조로 녹색이 기조를 이루며, 상원 의사당보다 화려함이 덜하다. 현재 웨스트민스터 궁에는 방이 1,100여 개 있으며 이를 연결하는 복도의 길이가 무려 3,200미터에 달한다.

웨스트민스터 궁 옆에 있는 웨스트민스터 수도원은 고딕 양식의 건축물로 당시 영국의 유일무이한 종교 성지였다. 총 길이 156미터, 너비 22미터, 종탑 높이 68미터 50센티미터로 라틴어 숫자 '10'을 상징하는 'X' 형 평면 구조로 설계되었다. 동쪽으로 예배당과 각종 공간이 방사형으로 배치되었고 본당의 대형 아치 지붕은 높이가 31미터 30센티미터에 달해 당시 영국 건축물 가운데 최고 높이를 자랑했다. 내부 장식 또한 매우 정교하고 화려한 것으로 알려졌다. 이곳은 또한 뉴턴, 셰익스피어 등의 무덤과 처칠 전 영국 수상의 기념비가 있는 것으로도 유명하다.

수도원의 북쪽에 자리한 세인트 마가렛 교회는 '참회의 왕'으로 불리는 에드워드 국왕이 11세기에 건축한 것으로, 화려한 스테인드글라스가 인상적이다.

웨스트민스터 궁의 상징 대형 시계탑 빅벤

에드워드 1세 시대의 성곽군

Castles and Town Walls of King Edward in Gwynedd | N 영국 Y 1986 H C(Ⅰ, Ⅲ, Ⅳ)

스코틀랜드의 수도 에 든버러 고성. 남쪽이 암벽을 향하고 있는 이 성은 11세기에 건축된 것으로 현재는 박물관 의 형태로 대외에 개 방된다.

1283년 귀네드Gwynedd 공국을 정복한 에드워드 1세는 웨일스 북부 귀네드 지역을 중심으로 성곽을 쌓기 시작했다. 앵글시Anglesey 남동 해안의 보매리스 성Beaumaris Castle, 웨일스 북서 해안의 카나번 성Caernarfon Castle과 콘위 성Conwy Castle, 카디건 만 북안의 할렉 성Harlech Castle 등을 포함해 20년 안에 성곽 열 개를 짓겠다는 원대한 계 획을 세웠다. 이러한 성곽들은 13세기 말에서 14세기 초까지 유럽 군사 건축물의 전

형을 보여주며, 성가퀴와 현수교, 기념탑, 대형 문 등 형태나 구조 등이 유사한 특징이 있다.

1283년에 건축된 할렉 성은 굴곡이 심한 해안선에 인접해 있으며, 성문이 탑 모양이고 모퉁이마다 탑을 세운 사각형 구조이다. 두꺼운 보호벽, 넓고 깊은 해자, 망루가 설치된 이중 성벽 등은 이 성을 난공불락의 요새로 만들어 주었다. 할렉 성을 건축하고 나서 10년이 지났을 때 에드워드 1세는 앵글시 섬에도 역시 이중 성벽 구조의 보매리스 성을 건축했다. 성 안의 도로는 24미터×9미터로 통일했으며 오로지 노르만 족만 거주할 수 있었다. 남문을 통해 성 안으로 진입하면 성문의 동서 양쪽에 탑이 두 개 세워져 있고, 동쪽 탑 안에는 예배당과 성직자들의 숙소가 있다. 탑이 열두 개 세워진 견고한 외벽, 팔각형의 이중 성벽 등도 보존 상태가 매우 양호한 편이다.

1330년에 완공된 카나번 성은 비잔틴 양식의 영향이 두드러지는 건축물로 웨일스 북서 해안에 있다. 성 안에 총독부와 호위 부대 주둔 기지가 있는 핵심 군사 시설이다. 1282년에 지어진 콘위 성 역시 군사 요새로 군대가 주둔했다. 성 안에는 탑이 여덟 개 세워져 있고 너비 12미터의 대형 홀을 아치 여덟 개가 지탱한다. 외벽에 탑이 22개, 성문이 세 개 설치되어 있고, 성 밖에는 견고한 방어 기지를 구축한 장방형 군사촌을 형성했다. 잉글랜드인만 거주할 수 있었던 이 성은 에드워드 1세가 그린 성곽 건축의 청사진이 실현된 곳으로 평가받는다.

이처럼 귀네드 지역에 자리한 에드워드 1세의 성곽군은 중세의 요새 성격을 띠는 성곽의 특징을 한눈에 볼 수 있는 유적지이다.

AFRICA

유네스코 세계유산
아프리카

NATIONAL
GEOGRAPHY
COLLECTION

교과 관련 단원

AFRICA

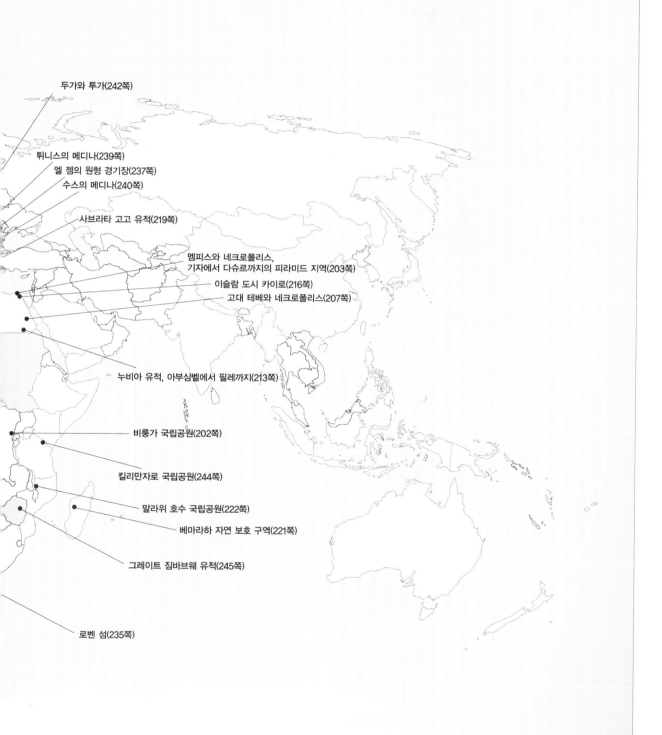

티파사 고고 유적

알제리 수도 알제(Algiers)로부터 70킬로미터 지점 블리다(Blida) 주 지중해 동부 해안

Tipasa | Ⓝ 알제리 Ⓨ 1982 Ⓗ C(Ⅲ, Ⅳ)

기원전 7세기에 건설된 티파사는 본래 페니키아인의 상업 도시였다. 2세기 중엽부터 로마 군대가 주둔하면서 공공 광장과 카피톨리움Capitolium 신전, 목욕탕, 원형 경기장, 극장 등이 들어섰다. 티파사의 중요한 고고 유적에 해당하는 이러한 건축물들은 모두 총연장 2,000미터의 성벽 안쪽에 자리하고 있다. 성벽에는 탑과 성문도 설치되어 있다. 7세기경에 아랍인들이 이 지역을 점령하면서 폐허로 변해버렸으며, '티파사'는 아랍어로 '황폐한 도시'란 뜻이다.

티파사 고성 가운데 일부는 여전히 지하에 매몰되어 있다. 현재까지 발굴된 유적은 크게 능묘 지구와 고고 지구로 나뉜다. 성벽 외곽에 있는 능묘 지구에는 장례식이 거행되었던 성 살사Saint Salsa 교회가 있고, 고고 지구에는 명승지가 집중 분포한다.

4세기에 지어진 성 살사 교회는 길이 52미터, 너비 42미터에 이르는 알제리 최대 규모의 기독교 교회로, 현재 장방형의 세례실과 내벽의 부조 장식이 남아 있다. 고고

지구에 있는 노천극장은 동서로 기다란 타원형 극장으로 가장 긴 직경이 80미터이다. 관중 3,000명을 수용할 수 있고 관중석도 비교적 잘 보존되어 있는 편이다. 현지 박물관에는 로마 시대 유적에서 발굴된 조각, 석관, 그릇, 공예품을 비롯해 나무판에 새긴 노예 계약서와 기타 문건이 소장되어 있다.

지중해 해변에 있는 고
대 로마 유적

타실리 나제르

Tassili n'Ajjer | N 알제리 Y 1982 H N(II, III), C(I, III)

사하라 사막 한가운데에 있는 타실리 나제르 고원은 사암 기둥으로 구성된 미궁처럼 단조로운 석림石林을 이룬다. 기후가 매우 건조해서 말라버린 강바닥에 약간의 초목이 자랄 뿐 식물을 찾아보기가 극히 어려울 정도이다.

그러나 인적도 드문 이 불모지에서 신기하게도 신석기 시대 암벽화가 5,000여 점이나 발견되었다. 이 암벽화를 통해 사하라 기후의 변천사는 물론 동물의 이동과 인류 생활상의 발전 양상, 그리고 사하라 사막도 그곳만의 독특한 문명을 형성했다는 사실이 밝혀졌다.

타실리 나제르의 암벽화는 크게 네 단계의 시기로 구분할 수 있다. 기원전 8000년 ~기원전 6000년까지는 수렵 시대로 기린, 코뿔소, 코끼리, 타조 등 열대 동물들이 등장하고, 외부 암석 위에 새겨서 작열하는 태양 아래 모습이 그대로 드러났다.

기원전 6000년~기원전 1200년까지는 가축 사육 시대로 소의 자연스러운 모습과 목축하는 사람들의 생활상이 주요 소재가 되었다. 대부분 동굴에 새긴 암벽화로, 타실리 나제르 암벽화 가운데 매우 큰 비중을 차지한다.

가축 사육 시대의 암벽화. 간결한 터치의 수소 그림이 심오한 매력을 발산한다.

기원전 1200년경부터는 목축 시대가 시작되었으며 기존의 암벽화에 자주 등장했던 말, 소, 코뿔소, 기린 등은 점차 모습을 감추었다.

기원전 50년부터는 낙타 시대로, 신석기 말기부터 사하라의 건조 기후가 한층 심해져 인간과 가축 모두 생존하기 어려운 시대로 접어들었다. 대부분 아랍 문자로 설명이 곁들여 있으며, 상단商團에 포함된 낙타 수와 여행 과정에 일어난 일들도 기록되어 있다.

고대 테베와 네크로폴리스

이집트 나일 강 중류

Ancient Thebes and its Necropolis | Ⓝ 이집트 Ⓨ 1979 Ⓗ C(Ⅰ, Ⅲ, Ⅵ)

고대 테베와 네크로폴리스 유적은 나일 강 중류 기슭 카르나크Karnak와 룩소르 일 대에 분포한다. 고대 이집트 중왕국과 신왕국 시대제19~25왕조의 수도였으며 고성의 면적이 15.5제곱킬로미터에 이른다. 나일 강 동쪽 기슭에 카르나크 신전과 룩소르

숫양 머리 스핑크스 조각상. 태양 신 아몬의 상징이다. 숫양 머리 아래에 파라오 모양을 한 소형 조각상의 모습도 볼 수 있다.

태양의 신 아몬 신전
의 석주(石柱)

신전이 자리하고 서쪽 기슭에는 왕가의 계곡The valley of kings으로 불리는 왕실 묘역
이 있다.

고대 테베에서 가장 유명한 유적은 카르나크 신전이다. 태양의 신 아몬, 자연의
신 콘수, 달의 여신 무트의 신전 세 곳으로 구성되며, 모두 벽돌 담장으로 둘러싸였
다. 기원전 1870년에 짓기 시작한 태양 신 아몬 신전은 열 개 왕조에 걸쳐 지속적으
로 증축되었으며 거대한 석재를 사용했다. 현존하는 고대 신전 가운데 최대 규모를
자랑한다.

카르나크 신전의 대열주 홀은 '기적의 예술'이라는 칭송을 받을 만큼 뛰어난 건
축 기법을 선보인다. 세티 국왕 시대기원전 1302년~기원전 1290년와 람세스 2세 집정 시기
기원전 1290년~기원전 1224년에 걸쳐 건축되었고 총 면적이 5,000제곱미터에 달한다. 지면
에서 천장까지의 높이는 25미터이며 직경 4미터, 높이 21미터의 석조 원기둥 134개
가 천장을 떠받치고 있다. 특히 중앙에 있는 12개는 높이가 20여 미터에 달하며 기
둥 최상단 부분의 직경이 3미터 60센티미터에 달해 약 100여 명이 동시에 설 수 있
는 규모이다. 이 원기둥들은 1미터 높이의 북 모양 돌을 쌓아 만들었다. 대열주 홀
벽면은 국왕과 신의 이야기를 소재로 한 부조와 명문으로 장식되어 있다.

신전 안으로 들어서면 하트셉수트Hatshepsut 여왕을 기념하는 오벨리스크 두 개를

하트셉수트 여왕의 오
벨리스크. 건축에 사용
된 석재는 모두 아스
완에서 운반되었다.

볼 수 있다. 하트셉수트는 자신의 이복 오빠였던 투트메스 2세Thutmes II의 왕비로, 국왕이 사망하고 나서 기원전 1486년~기원전 1468년까지 이집트를 통치한 여왕이다. 신전 안에 있는 높이 30미터의 분홍색 화강암 비석은 아스완에서 운반해 온 것이다.

성선聖船을 보관하는 성전의 내실 벽면에는 성선이 출항할 때의 광경을 묘사한 부조가 새겨져 있다.

기원전 945년에 조성된 신전 정원은 이집트 최대 규모로 총 면적이 7,989.7제곱미

고대 테베에 있는 하트셉수트 여왕의 장의전(葬儀殿). 나일 강 서쪽 기슭에 자리하며, 고대 이집트 건축의 걸작으로 평가받는다.

터에 이른다. 정원 왼쪽에는 세티 2세의 신전이 세워져 있고 오른쪽에는 람세스 3세
가 세운 아몬 신전이 있다. 정원 한가운데 우뚝 솟은 석주는 높이가 21미터에 달한다.

이 밖에 이집트 국왕과 귀족들의 제례 활동, 농민과 조선공들의 생산 현장 등 고
대 이집트 사회의 일면을 엿볼 수 있는 부조 작품을 비롯해 개구쟁이 아이들의 모습
과 동물, 곤충들의 형상을 담은 채색 부조도 볼 수 있다.

기원전 14세기에 지어진 룩소르 신전은 태양 신 아몬에게 바쳐진 신전으로 길이
190여 미터, 너비 50미터 규모이며, 정원, 대열주 홀, 신전 등으로 구성된다. 신전 최
남단에 잔해만 남은 성전 유적에는 아멘호테프 3세AmenhotepⅢ가 신의 인도로 성전에
들어오는 모습을 담은 부조가 있다.

중앙 대전은 소형 예배당으로, 사방 벽면에는 태양신과 이집트 여왕의 상징적인
결혼을 비롯해 여신의 도움으로 왕자를 낳는 장면 등이 부조로 묘사되어 있다. 정원
의 삼면은 우아한 석주가 2열로 배열되어 있고 석주 꼭대기는 우산 모양의 꽃 형태
로 매우 아름답다. 입구에 세워진 콜로네이드에는 16미터 높이의 기둥이 열네 개 세
워져 있다. 신전 탑문 양쪽으로 14미터 높이의 람세스 2세 조각상 두 개가 자리하고
있고 신전 벽면에는 람세스 2세가 통치 초기에 히타이트Hittite족과 전쟁을 벌이는 장

면이 부조로 형상화되었다. 화면 오른쪽에서 람세스 2세가 활을 쏘며 적을 쫓고 이를 피해 도망치는 히타이트족의 모습을 볼 수 있다. 신전 정원에는 석주 중앙에 우뚝 솟은 람세스 2세의 석조 조각상이 있고 그 옆에는 당시 경축 의식 장면을 문자로 기술하고 부조로 묘사한 석벽이 있다.

룩소르 신전 역시 여러 파라오에 의해 수차례 개축, 증축되었다.

고대 테베 지역은 파라오의 궁전과 귀족 대신의 저택, 수많은 상가가 즐비했던 이집트 최대의 도시였다. 비록 당시의 건축물들은 세월의 풍파 속에 사라져버렸지만. 이집트인들은 태양이 지는 방향, 즉 나일 강 서쪽 기슭에 내세가 있다고 믿었다. 그래서 일반적으로 도시 동쪽에 가옥을 짓고 서쪽에 묘지를 두었다.

나일 강 서쪽 기슭에는 수천 개에 달하는 고대 이집트 왕실의 묘역이 자리하고 있다. 이집트 신왕국 파라오 62명의 무덤과 미라의 비밀 묘실이 안치되어 있어 '왕가의 계곡'으로 불린다. 이 가운데 제18왕조 파라오 투탕카멘의 무덤이 가장 유명하다.

왕가의 계곡에서 동쪽으로 수천 미터 떨어진 지점에 제18왕조 하트셉수트 여왕 재위 기간에 지은 '장의전葬儀殿'이 있다. 계단식 신전 건물과 그리스식 콜로네이드, 독특한 암벽 부조 등이 유명하며, 특히 전통적인 신전 구도를 과감하게 벗어나 산지의 지형에 따라 3층으로 지은 신전이 인상적이다. 정방형의 콜로네이드와 채색 벽화 등은 건축물과 자연 경관의 조화를 살린 전형으로 평가받으며, 3000여 년이 지난 지금도 비교적 완벽한 형태를 보존하고 있다.

이 밖에도 여왕의 출생과 홍해 최남단의 푼트Punt로 원정대를 파견하는 등의 내용을 묘사한 벽면 부조를 볼 수 있다.

베마라하 자연 보호 구역

마다가스카르의 수도 안타나나리보 서쪽 300킬로미터 지점

Tsingy de Bemaraha Strict Nature Reserve | **N** 마다가스카르 **Y** 1990 **H** N(Ⅲ, Ⅳ)

　세계에서 네 번째로 큰 마다가스카르 섬은 아프리카 대륙 남동부 인도양에 있다. 마다가스카르 섬에 있는 팅지 드 베마라하 국립공원 지구는 강수량이 풍부하기는 하나 지표가 석회암층이어서 누수 상황이 심각하다. 그래서 식물이 생장하기에 충분한 수분이 제공되지 못해 키 큰 관목을 찾아보기 어렵다. '탕지'는 현지 토착어로 '동물이 살 수 없는 땅'이라는 뜻이다. 국립공원 안에 자라는 대부분 식물은 관목이나 줄기에 수분을 저장하는 바오밥나무Adansonia Digitata 등에 불과하다. 바오밥나무는 아프리카 고유 식물로 높이 10여 미터, 줄기의 직경이 9미터에 달해 수분을 저장하기에 유리한 구조이다.

　마다가스카르에는 이 섬에만 사는 고유한 동식물이 많으며 가장 대표적인 동물이 '여우원숭이'이다. 국립공원에는 여우원숭이가 총 20여 종이 서식하며 섬 전체 포유동물의 40퍼센트를 차지한다. 곤충을 주 먹이로 삼는 다람쥐원숭이는 박쥐처럼 큰 귀로 나무에 숨어 있는 곤충의 소리를 듣고 먹이를 찾아낸다. 외부로 돌출된 치아와 가늘고 두 번째 발가락이 발달한 앞발은 나무 속 곤충을 잡기에 유리하다. 그러나 섬 주민들이 야행성인 다람쥐원숭이를 불길하게 여겨 마구 잡아 죽이는 바람에 멸종 위기에 놓였다.

알락꼬리여우원숭이. 마다가스카르에서 쉽게 볼 수 있는 영장류에 해당한다. 이 밖에도 알락꼬리여우원숭이를 비롯해 왕관시파카(Propithecus diadema), 검은여우원숭이, 족제비여우원숭이, 목도리여우원숭이, 그리고 다람쥐여우원숭이 등 다양한 여우원숭이가 마다가스카르에 서식한다.

말라위 호수 국립공원

Lake Malawi National Park | **N** 말라위 **Y** 1984 **H** N(Ⅱ, Ⅲ, Ⅳ)

말라위 호수는 말라위, 탄자니아, 모잠비크 3개국과 접경해 있으나 대부분 말라위의 영토에 포함된다. 동아프리카 대지구대단층작용으로 형성된 대규모 골짜기 남단에 자리한 전형적인 단층 함몰 호수이다. 남북 길이 500킬로미터, 동서 너비 32~80킬로미터의 좁고 긴 형태로 해발고도 472미터 지점에 있다. 평균 수심은 273미터로 빅토리아 호수, 탕가니카 호수에 이어 아프리카에서 세 번째로 큰 호수이다. 지류 열네 갈래가 호수 안으로 유입되며, 잠베지 강Zambezi River의 수원 공급원이다.

연 평균 기온이 22℃ 이상으로 열대 기후에 속하며 연 강수량이 1,000밀리미터를 초과해 덥고 습한 날씨이다. 공원 안의 육지에는 바오밥나무, 자귀나무 등이 자란다.

여름이 되면 호수 수면 위로 물결이 높게 일며 파도가 쳐 장관을 연출한다. 호수 연안에 넓게 발달한 늪지대는 말라위 호수의 퇴적 작용으로 형성된 것이다. 늪지대는 갈대를 비롯한 초목이 무성하여 새들의 서식지로 안성맞춤이다.

말라위 호수에 서식하는 어류는 전 세계 담수호 가운데 가장 많은 100여 종에 이르며, 대부분 이 호수에만 서식하는 고유종이다. 몇 킬로그램에서 몇 그램까지 크기가 다양한 시클리드Cichlid라는 어류가 가장 대표적이다. 호수 바닥에 4킬로미터 규모의 방대한 사구가 형성되어 있으며 이 사구에 시클리드 수천수만 마리가 서식하고 있다. 말라위 호수 국립공원을 대표하는 포유동물은 하마이다. 다 자란 하마는 무게가 4톤 이상이지만 초식동물로 성격이 온순하다. 공원 안에 있는 작은 섬에는 갯가마우지를 비롯한 새들이 서식한다.

갈대와 초목이 무성해 다양한 조류의 서식지가 되고 있는 말라위 호수. 풍부한 어획량은 또 하나의 자랑거리이다.

제네 구시가지

Old Towns of Djenn'e | Ⓝ 말리 Ⓨ 1988 Ⓗ C(Ⅲ, Ⅳ)

기원전 2세기에 도시의 면모를 갖추기 시작한 제네 구시가지 유적에서는 기원전 3세기의 석기, 철기를 비롯해 팔찌 등 장식품 등이 발굴되었다. 제네 구시가지에서 남서쪽으로 3,000미터 지점에 있는 제네 제노Djenn'e-Jeno는 사하라 사막 이남의 아 프리카에서 가장 오래된 도시로 추정된다. 14세기부터 차례로 말리 제국, 송가이

제네 모스크

Songhai 제국, 모로코인들의 통치를 받다가 1893년에 프랑스에 점령 당했다.

제네는 고대 아프리카 무역에서 주요 중개 도시였다. 제네 상인들은 남부 사하라 지역의 황금, 상아, 노예 등을 북부 사하라 지역에 팔고 다시 북부, 중부 아프리카에서 공수해 온 암염嚴鹽, 돌소금. 천연으로 나는 염화나트륨의 결정, 연초煙草, 담배, 의류, 피혁 제품 등을 남부 사하라에 전매轉賣, 다른 사람이 산 것을 다시 삶했다. 부유한 상인들은 제네 시가지에 모여 살며 고유 풍습과 의류, 음식문화 등을 보전하며 생활했다. 제네는 중앙 광장을 중심으로 동부와 서부로 나뉜다. 무역 활동이 왕성했던 동부에는 수많은 건축물과 나루터, 독특한 양식의 귀족 저택들이 들어섰다. 이와 비교해 서부는 일종의 수공업 지대였다.

제네 구시가지의 민가는 구조와 건축 양식이 매우 특이해서 멀리서 보면 균일하게 잘라놓은 진흙 같다. 민가 중앙에 공공 마당이 있고 출입구는 단 한 개뿐이다. 담장은 토사를 발라놓았으며 목제 대문에는 굵은 못으로 장식했다. 지금도 말리 북부에는 이와 같은 고건축 양식이 그대로 전해지고 있다.

1909년에 14세기 이슬람 사원 유적 위에 새로 지은 제네 모스크는 전형적인 수단 양식의 건축물이다.

페스의 메디나

Medina of Fez | N 모로코 Y 1981 H C(II, V)

모로코의 옛 도성 페스는 이슬람 문화의 중심
지로 잘 알려져 있다. 8세기 말에 무하마드의 후
손 이드리스Idriss가 건립한 이 도시는 회갈색과
담황색 가옥들이 즐비하게 늘어서 있으며 300여
개에 이르는 모스크 탑이 도시 사이사이를 수놓
고 있다. 아름다운 궁전, 웅장한 이슬람 사원, 도
심 구석구석 구불구불 이어지는 골목들의 모습
은 《아라비안나이트Arabian Nights》의 도시를 그대
로 옮겨 놓은 것만 같다.

페스에서 가장 유명한 구역은 역시 '메디나
Medina'라고 불리는 구시가지이다. 본래 메디나
는 이슬람 문화권에서 구시가지를 가리키는 말
이다. 페스의 메디나는 9세기에 건설되었으며 현
존하는 이슬람 고대 도시 가운데 보존 상태가 가
장 양호하다는 평가를 듣는다. 좁은 도로와 구불
구불한 골목, 아름다운 정원과 분수, 전통 가옥,

페스의 한 동기(銅器)
가게. 손재주가 뛰어난
페스 사람들이 만든 각
종 공구는 수많은 이
슬람 국가에서 환영받
는다.

떠들썩한 시장 등이 독특한 매력을 발산하는 이곳은 12킬로미터에 달하는 성벽으로
둘러싸여 있다. 성벽 위로 여장女牆, 성 위에 낮게 쌓은 담이 만들어져 있고 웅장한 성문에
는 푸른 소나무 석조 장식이 새겨져 있다.

이곳을 걷고 있으면 마치 중세기로 돌아간 듯한 느낌이 들 것이다. 미궁처럼 복잡
한 상가 거리를 비틀대며 걷는 낙타들의 등 위에는 땔감과 양피, 얼음 등이 가득 실

려 있다. 맨발의 아이들이 머리에 밀가루 빵을 이고 재빠르게 인파 속을 헤치며 가는 모습, 히잡 이슬람 여성들이 머리와 상반신을 가리기 위해 쓰는 쓰개, hijab을 두른 여인들이 사각거리는 긴 치마를 입고 지나갈 때마다 달각거리는 장식품 소리가 이국적인 분위기를 물씬 풍긴다. 도로 양쪽에 빼곡하게 들어선 작은 점포 수백 곳에는 야자와 무화과를 비롯해 번쩍이는 황금 팔찌와 마대에 가득 담긴 형형색색의 겨자가루, 말린 후추까지 온갖 물건이 가득 진열되어 있다.

페스 시장의 또 다른 특색은 물품별로 상점과 수공업 공장이 몰려 있다는 것이다. 자갈 골목 양쪽에는 염색공들이 뜨거운 물이 펄펄 끓는 솥에 양피를 삶는 모습이 눈에 띄고 양피에서 뚝뚝 떨어지는 오색찬란한 색깔의 물감물이 작은 시내를 이룬다. 이 시내를 따라 들어가면 대장장이들이 철 두드리는 소리가 마치 현악기를 연주하는 소리처럼 골목 전체에 울려 퍼진다.

염색, 제혁製革, 짐승의 생가죽을 다루어 제품으로 만듦 공업은 페스의 전통 공업으로 자리매김하여 수백 년 동안 이어졌다. 강변에 죽 늘어선 염색 공장에는 현지에서 생산되는 채소를 갈아 만든 각종 염료들이 보이고, 강 하류에 이르면 어린 목동들이 양피를 벗기는 모습에서 제혁공이 양피를 불리고 마지막에 드디어 솜씨 좋은 장인이 가죽 제품을 만드는 모습까지 제혁 공정을 직접 볼 수 있다.

수세기 동안 모로코의 요충지였던 페스는 모로코에서 탄탄한 세력을 구축했다. 아무리 술탄이라도 페스 사람들의 신임을 얻지 못하면 정권을 안정시킬 수 없었다. 그래서 페스는 종교와 학술의 중심지일 뿐만 아니라 권모술수와 음모가 난무하는 도시이기도 했다. 또한 700여 년 동안 모로코의 옛 수도로 위상을 떨쳤다.

페스 구시가지의 중심에 자리한 카라위인Kairouyine 모스크는 이슬람 문화권에서 페스의 위상을 굳건하게 다지는 기반이 되었다. 북아프리카 최대의 이슬람 사원이자 세계에서 가장 역사가 오랜 대학교이기 때문이다. 대학 도서관에는 서적 수십만 권이 소장되어 있고 손으로 필사한 진귀한 서적이 8,000여 권이나 있다. 신도들은 사원 내 분수에서 정갈하게 씻고 신발을 벗은 채 기둥 270여 개가 천장을 받치고 있는 예배 공간에 들어선다. 2만 명이 동시에 예배를 보는 광경은 실로 장관이다.

페스의 전통 산업인 피
혁 가공업. 형형색색의
염색 통도 또 하나의
볼거리이다.

마라케시의 메디나

Medina of Marrakesh | Ⓝ 모로코 Ⓨ 1985 Ⓗ C(Ⅰ, Ⅱ, Ⅳ, Ⅴ)

마라케시의 옛 이름은 '모로코 성'으로, 모로코의 국명도 여기에서 유래했다. 페스가 모로코의 '북부 수도'였다면 마라케시는 '남부 수도'였다.

1071년에 건축된 마라케시 고성은 1072년에 알모라비데Almoravide 왕조의 수도가 되었고 1126~1127년에 걸쳐 길이 10킬로미터의 성벽이 완성되었다.

중세기 베르베르Berbers 왕조와 사디Saadi 왕조도 이곳을 도성으로 삼았기 때문에 많은 명승고적이 남아 있다. 특히 높이 70미터에 이르는 쿠투비아Koutoubia 모스크는 그 웅장한 기세로 마라케시의 상징으로 여겨진다.

20세기에도 일부 정부 부처의 건물이 들어서는 등 명실상부한 모로코의 제2도시로 자리매김했다.

마라케시 거리에서 코브라 쇼를 선보이는 상인

모로코 전통 건축 기법을 잘 녹여낸 마라케시 왕궁은 고전미와 현대적 감각이 어우러졌다. 우아한 외관과 화려한 색감 등이 눈길을 사로잡는 이 궁전에서는 모든 의식을 진행할 때 전통 방식을 그대로 고수한다. 의장대도 전통 민속 의상을 입는다.

이처럼 독특한 매력으로 마라케시에는 외국 관광객들의 발길이 끊이지 않는다. 루스벨트 미국 전 대통령을 비롯해 처칠 영국 전 수상, 드골 프랑스 전 대통령을 비롯해 찰리 채플린과 같은 배우도 이곳을 방문했던 것으로 알려졌다. 특히 영국 처칠 박물관에는 처칠 전 수상이 이곳에서 겨울을 보내며 완성한 회화 작품이 전시되어 있다.

마라케시의 도로는 모두 제마엘 프나 광장Djemaa el-Fna으로 연결된다. 프나 광장은 마라케시에서 가장 번화한 곳으로, 오후가 되면 사방에서 몰려든 인파로 인산인해를 이룬다. 가수, 무희, 기예단의 화려한 공연을 볼 수 있고 양고기 바비큐와 고소한 전병 냄새가 코를 자극하며 식욕을 돋운다. 현지 사람들과 외국인이 서로 어울려 노천 식당에서 함께 식사를 즐기는 모습은 이곳 마라케시에서만 볼 수 있는 독특한 광경이다. 광장에서 벌어지는 각종 공연 중에 가장 많은 박수를 받는 대상은 바로 '담배 피우는 낙타' 이다. 자연스럽게 땅에 앉

마라케시 도심의 번화한 시장 풍경

은 낙타가 담배를 입에 물고 코로 담배 연기를 내뿜는 모습은 큰 웃음을 선사하기에 부족함이 없다. 또한 북과 피리 연주로 사람들을 불러 모아 《코란》을 강독하는 이야기꾼도 있다.

마라케시 동부에 자리한 올리브 농원은 마라케시 최대의 농원으로, 고산지대의 눈이 녹아 수원이 풍부한 아틀라스Atlas 산맥에서 물을 충분히 공급받아 풍부한 수확량을 자랑한다. 은빛 설산이 정상을 수놓고 이름 모를 야생화가 지천에 피어 있는 아틀라스 산맥은 또 하나의 절경을 선사한다.

아이트–벤–하도우 요새 도시

Ksar of Ait-Ben-Haddou | N 모로코 Y 1987 H C(Ⅳ, Ⅴ)

모로코 남부 사막 오아시스에 자리한 아이트–벤–하도우 요새 도시

8세기경에 건설된 아이트–벤–하도우 요새 도시는 '카스바 kasbah' 라는 진흙 성채들로 이뤄졌다.

주거지와 식량 창고가 결합된 요새 성격의 건축물 카스바는 상단부에 새겨진 변화무쌍한 기하 도안이 인상적이다. 이러한 건축 양식은 나중에 모리타니 Mauritania, 리

비아 일대에 큰 영향을 미쳤다.

성벽으로 둘러싸인 요새 도시 안의 모든 가옥은 진흙 벽돌로 지어졌다. 진흙과 볏짚을 섞어 만든 혼합물을 목제 틀에 넣고 햇볕에 말려 벽돌로 사용했다. 이곳 건축물들은 모두 창문이 없어 긴 복도를 통해 들어오는 햇볕에만 채광을 의존해야 했다. 3층 건물이 주류를 이루며, 1층은 마구간, 2층은 식량 창고, 3층은 주거지로 사용했다. 성 안에는 양떼의 동향을 감시하는 공동 초소와 창고, 모스크, 주민 회의실 등 공공시설도 마련되어 있다.

산 정상에 있는 마을 공동의 양식 창고는 전시에 수비 기지로 사용하기 위해 지어진 것이어서 견고성이 뛰어나다. 전체 성곽이 산비탈에 자리하며, 과학적 설계가 돋보인다.

메크네스 역사 도시

모로코 아틀라스 산맥 북부 언덕

Historic City of Meknes | N 모로코 Y 1996 H C(IV)

11세기에 알모라비데 왕조가 건설한 군사 도시로 1672년에 고대 모로코의 수도가 되었다. 거대한 성벽과 성문이 도시를 감싸고 있으며, 세월이 많이 흘렀지만 지금도 당시의 풍모를 유지하고 있다.

말을 좋아해서 왕궁 안에서 말 500여 마리를 기를 정도였던 물라이 이스마일Moulay Ismail 술탄은 왕궁 밖에 대형 마구간을 짓고 대규모 식량 창고도 건축했다. 이 마구간과 식량 창고는 지금도 원래의 모습을 보존하고 있다. 메크네스 북쪽으로 30킬로미터 떨어진 지점에는 로마의 고성 유적이 있다. 이 유적에서는 정교한 청동 두상과 대리석 두상 같은 것들이 발굴되는 등 1세기경에 번화했던 도시의 면모를 짐작해볼 수 있다. 물라이 이스마일의 공적은 동양과 유럽에도 광범위하게 알려졌으며, 메크네스는 그 시기에 최고의 전성기를 구가했다.

이 밖에도 왕궁, 모스크, 물라이 이스마일의 무덤 등 수많은 유적지가 있으며, 매년 8~9월이 되면 성지 순례가 거행된다.

메크네스 역사 도시의
웅장한 성문

고레 섬

세네갈의 수도 다카르(Dakar) 동쪽 3,000미터 지점 대서양 연안

Island of Gorée | **N** 세네갈 **Y** 1978 **H** C(VI)

'고레'는 '천혜의 정박지'라는 뜻이다. 길이 900미터, 너비 300미터, 면적 270제곱미터의 고레 섬은 1444년에 포르투갈에 점령된 것을 시작으로 1617~1664년까지는 네덜란드에 점령되었고 그 다음에는 영국과 프랑스가 이 섬의 관할권을 두고 100여 년 동안 전쟁을 벌이는 등 참담한 역사가 이어졌다. 1815년에 프랑스 식민지 시대에 노예무역이 금지되기 전까지 이곳은 아프리카 노예무역의 중심지였다. 섬의 남단과 북단에 각각 성곽이 건축되었고 북단에는 포대砲臺, 포를 설치하여 쏠 수 있는 시설물까지 세워졌다. 대서양에 인접한 해변에는 목재와 석재를 함께 사용해 건축한 2층 건물이 들어섰다. 아케이드아치형의 지붕이 있는 통로와 바닥재를 설치한 위층은 식민지 통치자들이 거주했고, 아래층은 노예를 가둬 놓는 방으로 길이 2미터 34센티미터, 너비 2미터 28센티미터의 작은 방에 노예가 20명씩 감금되었다. 이 작은 방은 비밀 통로로 해변까지 연결되어 노예들을 바로 배에 태우도록 설계되었다. 무려 20여만 명에 이르는 흑인들이 이곳에서 배에 태워져 아메리카 대륙으로 팔려갔다.

고레 섬 북단에 설치된 포대. 유럽과 아프리카의 필수 경유지였던 고레 섬은 지리적으로 매우 중요한 위치를 차지했다.

로벤 섬

남아프리카공화국 케이프타운 해안 약 11킬로미터 지점

Robben Island | Ⓝ 남아프리카공화국 Ⓨ 1999 Ⓗ C(Ⅲ, Ⅵ)

로벤 섬은 남아프리카공화국의 자유의 상징이다. 400년 전 영국이 법규를 어긴 선원을 이곳으로 유배 보내면서 유배지로 굳어졌다. 17세기에 네덜란드가 이곳에 감옥을 짓기도 했고 19세기에는 나병 환자를 격리하는 장소로 사용되었다. 2차 대전 기간에는 군사 기지로 중시되어 무게가 40톤에 이르는 대포가 여러 대 설치되기도 했다. 1960년에 남아공 백인 정부는 로벤 섬에 정치범 수용소를 짓고 특히 가장 위험한 정치범만 수용하는 B감옥을 별도로 두었다. 이때부터 로벤 섬은 정치범 수용소라는 오명을 얻었다. 1996년 12월에 마지막 정치범이 이 섬을 떠나면서 남아공 예술문화과학기술부가 관리하기 시작했다.

케이프타운 시 부두에서 로벤 섬까지는 배로 45분 거리이다. 섬에 발을 내딛는 순간 영어와 아프리카어로 환영 문구가 쓰여 있는 문을 볼 수 있다. 그 문을 지나 안으로 들어가면 철문이 굳게 잠긴 단층 감옥과 정치범을 수용했던 B감옥이 모습을 드러낸다.

창백한 백열등이 희미하게 빛을 비추는 B감옥은 100미터가 안 되는 시멘트 통로에 감방이 30칸 있다. 이중에 제5호실은 바로 남아공의 흑인 지도자 넬슨 만델라가 갇혀 있던 곳이다. 감방 문의 철판에 '넬슨 만델라/ 466/ 64' 라고 쓴 흰 종이가 끼워져 있다. 4제곱미터 남짓 되는 공간에서 오른쪽에 작은 침대가 놓여 있는데, 키가 1미터 83센티

남아공의 제1회 자유의 날 기념행사에서 백인 남자의 뺨에 입 맞추는 흑인 여성의 모습

로벤 섬에는 관광객들의 발길이 끊이지 않는다.

미터인 만델라가 자리에 누우면 철창문이 있는 벽에 머리가 닿지 않을 수 없었다. 왼쪽에는 작은 책상과 플라스틱 의자가 있고 책상 위에는 잡동사니를 담을 수 있는 철제함이 놓여 있다.

이 감방에서 만델라는 법률, 경제, 상업, 역사, 그리고 남아공의 아프리카어를 공부했다. 또한 공부에만 열중한 것이 아니라 수용되어 있던 정치범들과 시국을 토론하기도 했다. 만델라는 이곳에서 《자유를 향한 머나먼 여정Long Walk to Freedom》이라는 저서를 쓰기도 했는데, 1977년에 발각되어 4년 동안 금서로 지정되었다.

한편 복역 기간 중에 섬에 있는 채석장과 광산에서 중노동에 동원된 만델라는 강한 태양 광선과 먼지에 두 눈이 심각하게 손상되는 위기를 맞기도 했다. 1964년 6월에 종신 연금형을 선고 받은 만델라는 1982년에 감옥을 옮길 때까지 18년을 이곳에서 보냈다.

로벤 섬에는 B감옥을 비롯해 나병 환자 수용소, 무슬림 성지, 간수들의 거주지 등 역사적 의미가 깊은 유적지들이 남아 있으며, 영양, 타조, 제비갈매기, 따오기, 펭귄 등 조류 50여 종의 서식지로도 유명하다.

엘 젬의 원형 경기장

튀니지 동부 엘 젬

Amphitheatre of El Jem | **N** 튀니지 **Y** 1979 **H** C(Ⅳ, Ⅵ)

　튀니지 동부 엘 젬에 있는 원형 경기장은 로마 시대의 원형 경기장 가운데 보존 상태가 가장 양호한 유적지이다. 230~238년에 걸쳐 지어졌으며, 실제로는 타원형으로 긴 직경이 162미터, 짧은 직경이 118미터이고 높이는 40미터로 관중을 3만 5,000명을 수용할 수 있다. 총 3층으로 층마다 아치문이 있으며, 총 개수는 60개에 달한다.

'아프리카의 콜로세움'으로 불리는 튀니지의 엘 젬 원형 경기장

중앙에 자리한 타원형 경기장은 길이 65미터, 너비 35미터로 높이 3미터의 안전벽이 관중석과 무대를 격리한다. 1695년에 오스만튀르크 제국 황제가 세금 징수에 저항하는 시민들을 진압한다며 경기장에 대포를 쏘기 전까지는 완벽한 형태를 보존하고 있었다. 이 폭격으로 경기장의 5분의 3 정도가 파괴되었지만, 관중석과 무대를 격리하는 안전벽을 비롯해 경기장 석벽, 지하 통로사자, 호랑이, 표범, 들소 등의 짐승과 전쟁 포로들이 경기장으로 입장하는 길, 아치문, 계단식 좌석 등은 대개 본래의 모습대로 보존되었다.

튀니스의 메디나

Medina of Tunis | ⓝ 튀니지 ⓨ 1979 ⓗ C(Ⅱ, Ⅲ, Ⅴ)

　북아프리카의 이슬람 도시 중 튀니스 구시가지는 계획도시의 전형을 보여 준다. 구시가지는 튀니스 남서쪽에 있는 무슬림 주거지에 주로 분포한다.

　흰색 벽의 작은 가옥, 높은 성벽, 구불구불한 골목 등은 아랍 색채가 짙은 '메디나'의 전형적인 특징이다. 구시가지의 성벽은 이미 사라지고 없지만, 구시가지와 신시가지를 연결하는 문과 구시가지와 외곽을 연결하는 문 등 열 개에 가까운 성문은 보존 상태가 매우 양호하다. 메디나가 튀니스의 심장이라면, 지투나 모스크Aghlabid Ez-Zitouna Mosque는 메디나의 심장이라고 할 수 있다. 732년에 건립된 지투나 모스크는 점유 면적 5,000제곱미터로 전당이 열다섯 개 세워져 있으며, 2,000명을 동시 수용할 수 있다. 구시가지에는 현대식 건물이 전혀 없으며, 제일 높은 가옥도 2층에 불과하다. 아치형 돔 지붕과 돌을 깔아 만든 좁은 길을 따라 조성된 아랍풍 시장에 들어서면 점포들이 하나둘 꼬리를 물고 이어지고 골목마다 물품별 상가가 밀집 형성되

튀니스의 구시가지와 신시가지를 연결하는 문

어 있다. 수공업장과 상점이 연결된 독특한 생산 방식을 유지하고 있으며, 골목마다 가득 쌓인 상품들은 보는 이의 눈길을 사로잡기에 충분하다. 서로 어깨를 부딪치며 걸을 만큼 좁은 골목을 걷다보면 '딩딩딩' 하고 수공업장에서 들려오는 공구 소리와 흥정에 열을 올리는 점포 주인의 목소리가 울려 퍼지는 것을 들을 수 있다.

수스의 메디나

Medina of Sousse | N 튀니지 Y 1988 H C(Ⅲ, Ⅳ, Ⅴ)

튀니지 제3의 도시로 꼽히는 수스는 기원전 9세기경에 페니키아인이 건설했다. 7세기 중엽 이슬람 군대에 점령 당하면서 메디나의 특징을 형성하기 시작했다.

875년에 아랍인들이 복원한 로마 시대의 저수지는 지금까지도 잘 보전되고 있다. 저수지 수량은 3,000세제곱미터에 달한다.

수스의 메디나도 석재를 쌓아 만든 성벽이 에워싸고 있는데, 남북 길이가 700미터, 동서 너비가 450미터에 달하며 보존 상태도 매우 양호하다. 성벽 남동쪽 모서리에는 30미터 높이의 정방형 탑이 세워져 있는데, 바닥은 각 변의 길이가 8미터이고 꼭대기 부분은 각각 5미터로 가장 오래된 이슬람식 탑이다.

수스 메디나 중심에 자리한 수스 대大모스크는 851년에 건립되었으며, 돌기둥을 경계로 긴 복도 열세 개가 서로 구분된다. 대형 홀에 난 정문 11개는 모두 중앙 정원을 향해 나 있으며, 정원 북동쪽 모서리에는 원통형의 미너렛첨탑이 세워져 있다.

지리적 요충지였던 수스는 전쟁이 끊일 날이 없었다. 그래서 이슬람 신도들이 예배를 드리는 장소도 성곽 요새의 성격을 띠고 있다. 사방이 높은 벽에 둘러싸였고, 남쪽 벽에만 작은 문이 나 있다. 성벽의 네 모퉁이를 비롯해서 세 벽면 중앙에 해당하는 자리에 원탑을 건축했다.

수스 메디나 남부는 구시가지, 북부는 신시가지로 고풍스런 분위기와 현대식 분위기가 선명한 대비를 이룬다.

수스 메디나에 있는 건축물들은 대개 남색, 흰색, 황색을 띠어 색감의 조화가 두드러진다.

두가와 투가

Dougga/Thugga | Ⓝ 튀니지 Ⓨ 1997 Ⓗ C(Ⅱ, Ⅲ)

고대 로마 시대의 중요한 농업 지대였던 두가에는 신전, 격투장, 기념비 등 당시의 상징적인 건물들이 많다. 이 지역 가옥들은 무더운 여름의 혹서를 피하기 위해 모두 지하실을 만들었다. 지하실 벽에는 통풍구를 설치해 청량감을 더했고, 여름이 되면 대개 이곳에서 생활했다.

본래 카르타고의 중심 도시였던 투가는 로마에 점령당하고 나서 로마 제국의 북아프리카 행정 중심지로 변했다. 이후 로마의 멸망과 함께 쇠퇴일로를 걸었으며, 산기슭에 650제곱미터에 이르는 투가 유적지가 남아 있다.

신전, 원형 극장, 시장, 목욕탕, 경기장에 이르기까지 산을 등지고 지어진 많은 투가 유적지 가운데 콜로네이드 원형 극장이 가장 유명하며 보존 상태도 양호한 편이다. 투가 유적지 외곽에는 21미터 높이의 탑이 세워져 있으며, 진귀한 유물들을 소장한 박물관도 있다.

투가에 있는 로마네스
크식 장방형 콜로네이
드. 지붕은 무너졌지만
콜린스 양식의 기둥은
여전히 아름답다.

킬리만자로 국립공원

Kilimanjaro National Park | **N** 탄자니아 **Y** 1978 **H** N(Ⅲ)

　　망망한 동아프리카 고원 지대에 우뚝 솟은 킬리만자로 산은 세계에서 가장 높은 휴화산으로, 해발고도 5,895미터의 키보Kibo 봉이 아프리카 최고봉이다. 최정상의 평균 기온은 영하 30℃, 저지대는 무려 59℃로 고도에 따라 기온차가 엄청나다. 그래서 기후에 따라 식생도 다르게 나타난다.

　　킬리만자로 산 아래 광활하게 펼쳐진 초원에는 얼룩말, 사자, 코끼리 등 다양한 야생 동물이 서식하며, 고도 2,000미터까지는 열대 우림 기후가 나타난다. 해발고도 3,500미터까지는 이끼 등 고지대 식물이 서식하고, 설선여름에도 눈이 녹지 않고 남아 있는 고도부터 정상까지는 흰 눈에 덮여 있다. 킬리만자로 산허리는 항상 운무구름과 안개에 휩싸여 있으며, 수정처럼 맑은 산 정상 위로 붉은 태양이 떠오르면 오색찬란한 빛이 서리면서 '적도 설경'의 장관을 이룬다.

1938년 킬리만자로 산을 다녀간 헤밍웨이는 단편소설 《킬리만자로의 눈(The Snows Of Kilimanjaro)》을 발표한 바 있다.

그레이트 짐바브웨(대짐바브웨) 유적

짐바브웨의 수도 하라레(Harare) 250킬로미터 지점 마스빙고(Masvingo) 주

Great Zimbabwe National Monument | **N** 짐바브웨 **Y** 1986 **H** C(I , III , VI)

짐바브웨는 반투Bantu족 언어로 '석조 건축'이란 뜻이다. 면적이 6,000제곱미터에 달하는 이 유적지는 크게 내성內城과 위성衛城, 내성을 중심으로 둘러쌓은 성으로 구분된다. 타원형 석벽으로 둘러싸인 내성은 동, 남, 북쪽에 출입문이 나 있고 대형 화강암 90여만 개가 사용되었다. 차곡차곡 쌓인 화강암 사이에는 모르타르 등 접착 물질을 전혀 사용하지 않았다. 내성 안에는 사냥터도 마련되어 있고 낮은 담장으로 건물들이 구분되며, 구불구불한 작은 길들이 나 있어서 마치 미궁을 헤매는 듯한 느낌이 든다.

높이 700미터의 산 정상에 지어진 위성은 높이 15미터 성벽의 총연장이 244미터에 이른다. 가파른 절벽을 이용해서 만든 입구는 한 사람이 겨우 통과할 정도의 좁은 계단식 통로로 이어진다. 산세에 따라 화강암을 깎아서 자연스럽게 쌓은 성벽은 당시 장인의 지혜를 엿볼 수 있어 감탄이 절로 나온다.

그레이트 짐바브웨 유적. 내성과 위성 사이에 광활한 계곡이 있으며, 낮은 석조 건물들이 계곡에 드문드문 자리하고 있다.

NORTH AMERICA

유네스코 세계유산
북아메리카

NATIONAL
GEOGRAPHY
COLLECTION

교과 관련 단원

NORTH AMERICA

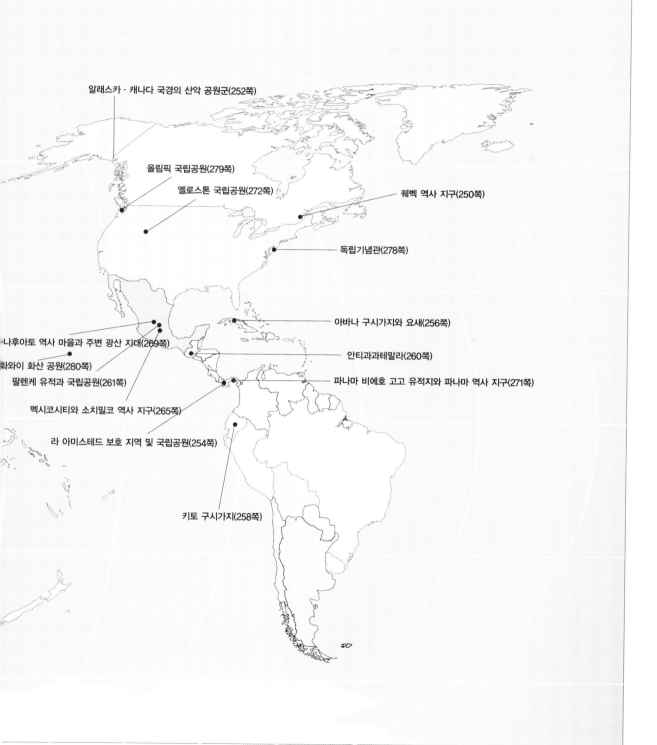

알래스카 · 캐나다 국경의 산악 공원군(252쪽)

올림픽 국립공원(279쪽)

옐로스톤 국립공원(272쪽)

퀘벡 역사 지구(250쪽)

독립기념관(278쪽)

아바나 구시가지와 요새(256쪽)

나후아토 역사 마을과 주변 광산 지대(269쪽)

안티과과테말라(260쪽)

화와이 화산 공원(280쪽)

팔렌케 유적과 국립공원(261쪽)

파나마 비에호 고고 유적지와 파나마 역사 지구(271쪽)

멕시코시티와 소치밀코 역사 지구(265쪽)

라 아미스테드 보호 지역 및 국립공원(254쪽)

키토 구시가지(258쪽)

퀘벡 역사 지구

Historic District of Old Quebec | **N** 캐나다 **Y** 1985 **H** C(IV, VI)

세인트로렌스 강
(Saint Lawrence
River)과 생 샤를 강
(Saint Charles
River)의 합류 지점에
자리한 퀘벡 성. 본래
는 인디언 부락이 있
었다고 한다.

북아메리카 대륙에서 유일한 성곽 도시인 퀘벡 시는 대서양과 캐나다 대륙을 연결
하는 군사 요지로, 성곽이 있는 역사 지구의 면적이 11제곱킬로미터에 이른다. 1759
년에 프랑스군을 무찌르고 퀘벡 시를 차지한 영국군은 1820년부터 11년에 걸쳐 퀘벡
시를 군사적 요새로 건설했다.

육각형의 견고한 성채와 성벽, 해자 등을 갖추어 퀘벡 성은 완벽한 방어 체계를 구
축하게 되었다.

퀘벡 성. 1829년에 건설되었으며 구리로 만든 대형 지붕과 붉은 벽돌이 웅장한 기세를 뽐낸다.

성벽에 둘러싸인 절벽 위의 구시가지는 정치, 문화의 중심지이며 절벽 아래는 주민들의 거주지이자 해운, 무역에서 사고파는 상품들의 집산지였다.

성곽 안의 도로들은 '퀘벡의 샹젤리제'로 불리며 영국과 프랑스의 문화가 함께 녹아 있다. 도로 양측에는 의사당 등 프랑스 건축 양식으로 지어진 건물과 영국 빅토리아 시대의 고전 건축물들이 즐비하다.

알래스카 · 캐나다 국경의 산악 공원군

Kluane/Wrangell-St Elias/Glacier Bay/Tatshenshini-Alsek |
N 캐나다, 미국 **Y** 1979, 1992, 1994 **H** N(II, III, IV)

'알래스카 · 캐나다 국경의 산악 공원군'은 캐나다의 클루엔Kluane 국립공원, 미국의 랭겔 세인트 앨리어스Wrangell-st Elias 국립공원, 글레이셔 만Glacier Bay 국립공원으로 구성된다.

클루엔 국립공원은 면적이 9,700제곱미터로, 자연 생태 보호 구역과 토착 역사 문화 보호 구역이 포함된다.

미국 알래스카 주 남동부에 자리한 랭겔 세인트 앨리어스 국립공원과 글레이셔 만 국립공원은 태평양에서 불어온 온난다습한 기류로 강설량이 엄청나며 이렇게 쌓인 눈은 거대한 빙하를 형성했다. 빙하 면적이 전체 알래스카 면적의 5퍼센트를 차지하고, 세계에서 가장 빠른 속도의 빙하를 볼 수 있는 곳이다. 현재 하루에 9미터 속도로 빙하가 녹고 있으며 이 추세는 점차 가속화될 것으로 보인다.

1925년에 조성된 글레이셔 만 국립공원은 서쪽으로 알래스카 만에 인접해 있다. 네 차례나 빙하기를 거치며 빙하의 총 길이가 105킬로미터에 이르렀으나 현재는 95킬로미터로 줄어들었다.

글레이셔 만 국립공원

라 아미스테드 보호 지역 및 국립공원

코스타리카와 파나마 접경지대

Talamanca Range-La Amistad Reserves / La Amistad National Park |
N 코스타리카, 파나마 Y 1983, 1990 H N(Ⅰ, Ⅱ, Ⅲ, Ⅳ)

아메리카 대륙의 열대 우림 지대. 지형이 복잡해 생태 환경의 다양성이 두드러진다.

'라 아미스테드 보호 지역 및 국립공원'은 코스타리카와 파나마가 공유하는 세계 자연유산이다. 코스타리카는 자연 보호 지역으로, 파나마에서는 국립공원으로 지정했고, 국경을 초월하여 열대 우림 지대를 보호하자는 데 그 취지가 있다.

코스타리카에서 차지하는 면적은 3,584제곱킬로미터, 파나마에서 차지하는 면적은 2,070제곱킬로미터로, 아메리카 대륙 최대의 열대 우림 보호 구역이다.

1502년에 코스타리카 동해안에 상륙한 콜럼버스 일행을 보고 공포에 휩싸인 토착 인디언들은 마을을 버리고 깊은 삼림 속으로 숨어들었다. 지금도 1만여 명에 이르는 인디언 부족이 전통을 유지하며 이곳에서 살고 있다.

해안선에서 해발고도 3,819미터의 치리포Chirripo 산에 이르는 복잡한 지형은 각종 동식물의 생장에 유리한 환경을 마련해 준다. 열대 우림, 빙하호, 고산 습지대가 함께 분포하며 구역에 따라 식생 분포가 명확하게 구분된다. 해발고도 1,500~3,000미터에 이르는 삼림에는 고온다습한 기후의 영향으로 면마綿馬: 면마과의 여러해살이 풀, 이끼, 난초과의 식물이 자란다. 열대 우림 지대에서 생장하는 독개구리는 붉은색 피부에 청록색 발, 또는 피부에 청록색이 섞여 있거나 검은색 수정 무늬가 그려져 있는 것도 있다. 나뭇가지에 서식하면서 적이 나타나면 표피에서 독을 뿜어 공격한다. 인디언들은 이 독개구리의 몸에서 독을 채취해 화살촉에 바르고 사냥에 이용하기도 했다.

아바나 구시가지와 요새

Old Havana and its Fortifications | N 쿠바 Y 1982 H C(Ⅳ, Ⅴ)

북아메리카와 남아메리카 대륙 사이에 자리한 항구 도시 아바나는 천혜의 입지를 자랑한다. 아메리카 대륙을 정복한 스페인은 아바나를 구대륙과 신대륙 간의 통상, 해운 중개항으로 삼아 전략적으로 활용하려 했다.

이곳의 안전을 보장하기 위해 16세기 말부터 막대한 자금을 투입해 강력하고 견고한 군사 방어 체계를 구축하고 아바나 만 입구의 항로 양안에 모로Morro 요새와 푼타Punta 요새를 차례로 건축했다. 또한 1674년부터 1800년에 걸쳐 아바나를 에워싸는 성벽을 쌓았다. 1~2미터 두께의 돌로 쌓은 모로 요새는 견고할 뿐만 아니라 대포 등 화력 무기까지 구비했다. 1845년에는 높이 30미터, 직경 5미터의 전망대를 설치해 감시 체계를 더욱 철저히 했다. 이 전망대는 현재 아바나의 상징적인 건물로 자리매김했다.

바로크에서 신고전주의에 이르기까지 아바나에는 다양한 건축 양식이 복합적으로 나타나지만 그런 한편으로 교회, 거리, 가옥, 광장, 극장, 분수, 성곽, 요새 등 모든 건축물에 석재를 사용했다는 공통점이 있다. 이곳에 오면 식민지 시대의 아치형 돔 지붕을 비롯해 난간, 발코니, 좁고 깊은 골목, 그리고 고요한 분위기의 바로크식 대성당도 볼 수 있다.

아바나 구시가지는 쿠바 예술의 요람이기도 하다. 대문호 헤밍웨이가 아바나의 매력에 푹 빠져 이곳에서 22년 동안 생활했다는 것으로도 유명하다.

과나후아토 역사 마을과 주변 광산 지대

멕시코의 수도인 멕시코시티 북서쪽 270여 킬로미터 지점인 과나후아토 주

Historic Town of Guanajuato and Adjacent Mines | N 멕시코 Y 1988 H C(I , II , IV, VI)

멕시코 중부의 해발고도 2,050미터 산간 계곡에 자리한 과나후아토 역사 마을은 호화로운 바로크식 건물이 식민지 시대의 번영을 말해 주는 아름다운 도시이다. 18세기 말에는 세계 최대의 은 생산지로 명성을 얻었다.

1548년에 과나후아토 지역에서 은광이 발견되자 사람들이 벌떼처럼 몰려들어 고요하던 산골짜기가 하루아침에 북적거리기 시작했다. 최대 1,816개에 달하는 은광이 존재했으나 자원이 고갈되면서 대부분 폐광되었고, 지금은 500여 미터 정도 되는 채광 갱도가 보수를 거쳐 대외에 개방되고 있다.

스페인의 다른 식민지와 달리 과나후아토에는 바둑판식 도로가 발달하지 않았다. 구시가지는 과나후아토 강을 따라 건설되어 주로 구불구불한 꼬부랑길이다. 좁은 골목과 다닥다닥 붙은 가옥들은 과나후아토만의 독특한 풍경을 연출한다. 구시가지의 면적은 1,900여 제곱미터로, 주거지가 175곳 있다. 발렌시아나 성당을 비롯해 과나후아토의 성당들은 정교한 조각과 화려한 장식으로 유명하다. 20년에 걸쳐 건축된 캄파니아 성당은 세련된 현관 장식이 유명한 바로크식 건축물로 펠리페 2세가 하사한 성모상이 보관되어 있다. 과나후아토가 은광으로 전성기를 맞이했을 때 광산주들이 지은 호사스러운 저택도 또 하나의 볼거리를 선사한다.

과나후아토 전경. 18
세기에 지어진 성당
50여 채가 서로 우아
함과 화려함을 뽐내며
자리 잡고 있으며, 멕
시코 식민지 시대의 건
축 양식과 문화를 엿
볼 수 있는 유적으로
평가된다.

파나마 비에호 고고 유적지와
파나마 역사 지구

파나마의 수도 파나마시티

Archaeological Site of Panama Viejo and Historic District of Panama |
Ⓝ 파나마 Ⓨ 1997, 2003 Ⓗ C(Ⅱ, Ⅳ, Ⅵ)

파나마 운하의 태평양 해안에 자리한 파나마시티는 본래 인디언들의 작은 어촌이었다. 1519년부터 도시로 개발되었으며 1671년에 해적들에 의해 불타버린 것을 재건한 것이다. 1903년에 파나마가 독립하면서 수도로 확정되었고 1915년에 파나마 운하가 개통되면서 발전의 계기를 마련했다.

파나마시티 남단에 있는 광장에는 당시 파나마 운하의 개통을 기념하는 기념비와 황열병아프리카 서부와 남아메리카에서 발견되는 악성 전염병을 발견한 핀라이Finlay, Carlos Juan의 기념비 등이 세워져 있다. 300여 년의 역사가 있는 성 도미니크 성당St. Dominic's Church은 받침대 없이 벽돌을 쌓아 만든 아치형 건축물로 유명하다.

파나마 역사 지구에 있는 볼리바르 대학교는 역사적 의의가 큰 건축물이다. 1862년에 이곳에서 제1회 '범아메리카회의Pan-American conferences' 가 개최되었는데, 이 회의에서는 '라틴아메리카 연맹결성' 안이 처음으로 제기되었다.

1504년에 태평양을 발견한 스페인의 유명한 탐험가 발보아(Balboa, Vasco Núñez de)의 기념상

옐로스톤 국립공원

미국 서부 와이오밍, 몬태나, 아이다 주 접경지대

Yellowstone National Park | Ⓝ 미국 Ⓨ 1978 Ⓗ N(Ⅰ, Ⅱ, Ⅲ, Ⅳ)

매머드(Mammoth) 온천 부근의 산맥. 온천의 영향으로 석회암의 칼슘 성분이 녹아 표면으로 나오면서 이처럼 기이한 경관이 연출되었다.

미국의 옐로스톤 공원은 해외 관광의 필수 코스로 꼽히는 곳이다. 대자연의 절경이 그대로 보존되고 있는 이곳은 국립공원 관리의 모범을 보여 준다.

생태계와 자연 경관을 보호할 목적으로 지정한 세계 최초의 국립공원으로 각종 삼림과 초원, 호수, 협곡, 폭포를 비롯해 온천, 간헐천 間歇泉, 일정한 간격을 두고 뜨거운 물이나

초기 옐로스톤 지역 탐험가들의 모습

수증기를 **뿜었다가 멎었다가 하는 온천**, 진흙 샘 등 지열 자원이 풍부해 독특한 지열 경관을 만나볼 수 있다. 야생 동물의 천국이기도 한 이곳은 공원 내 도로의 총연장이 200킬로미터에 달하므로 반드시 차량을 이용해야 한다. 19세기에 탐험가들이 발견하고 나서 1872년에 그랜트 미 대통령이 국립공원으로 지정하고 보호에 나섰다.

옐로스톤 국립공원은 자연 경관과 지질 현상에 따라 매머드 구역, 루스벨트 구역, 협곡 구역, 호수 구역, 간헐천 구역 등 5개 구역으로 나뉜다.

간헐천, 온천, 진흙 샘 등 특이한 지열 경관은 주로 간헐천 구역과 매머드 구역에 집중되어 있다. 또한 300여 개에 달하는 분천 噴泉: 힘차게 솟아오르는 샘이 분포하며 이 가운데 '올드 페이스풀Old Faithful' 이라는 이름의 간헐천이 가장 유명하다. 50분에 한 번씩 치솟아 올라 1~5분 정도 햇빛을 반사하며 장관을 연출하는 이 샘은 100여 년 전에 발견되었다.

옐로스톤 공원 협곡에서 발원해 전체 공원을 가로질러 흐르다가 몬태나 주의 미주리 호수로 유입되는 옐로스톤 강은 총연장이 1,080킬로미터에 이른다. 옐로스톤 강이 산맥을 갈라놓으며 형성된 옐로스톤 대협곡은 햇빛을 받아 금빛으로 반짝인다. 지세가 높은 데다 옐로스톤 강을 비롯해 수많은 지류가 이 협곡으로 흘러들면서 풍

옐로스톤 공원의 모닝
글로리 호(Morning
Glory Pool)

로스 글래시아레스 국립공원

아르헨티나 산타크루스(Santa Cruz) 주의 남서부 안데스 산맥

Los Glaciares | Ⓝ 아르헨티나 Ⓨ 1981 Ⓗ N(Ⅱ, Ⅲ)

로스 글래시아레스 국립공원은 남아메리카 대륙 안데스 산맥 남단에 있다. 기후가 한랭하고 만년설이 쌓여 남극 대륙과 그린란드 외에 유일하게 대규모 빙원氷原이 발달할 수 있는 환경이 조성되었다. 아르헨티나 정부는 1937년에 이곳을 국립공원으로 지정했다.

공원의 총 면적은 4,457제곱킬로미터로 서쪽으로 칠레와 접경을 이룬다. 남북 방향으로 불쑥불쑥 솟아 있는 수많은 산봉우리는 빙하의 발원지이다. 공원 동쪽으로는 아르헨티나 호수를 비롯해 빙하호가 깨알같이 분포하는데, 대부분 제4기 빙하기에 형성된 것으로 공원 안의 빙하가 한 데 모이는 장소이기도 하다. 아르헨티나 호수는 해발고도 215미터 지점에 있으며 평균 수심 187미터, 최고 수심이 324미터에 이른다. 공원 안에서 유일하게 계속 성장하고 있는 모레노 빙하는 길이 35킬로미터, 너비 4킬로미터, 높이 60미터의 거대한 빙하 둑으로 아르헨티나 호수 수면 위로 우뚝 솟아 있다. 2,3년에 한 번씩 우레와 같은 소리를 내며 붕괴될 때면 호수면에 거대한 물결이 일며, 이러한 현상은 하루 이틀 정도 지속된다.

공원 내 최대 빙하에 해당하는 웁살라 빙하는 앞면이 아르헨티나 호수 북단에 닿아 있다. 빙하가 호수로 유입되는 과정에서 떨어져 나온 작은 빙하 조각들이 햇빛을 받아 마치 수정처럼 반짝이는 모습은 신비로운 분위기를 연출한다.

거대한 모레노 빙하 둑
앞에 서면 마치 수정
궁전 안에 있는 듯한
느낌이 들 것이다.

포토시 광산 도시

볼리비아 포토시 주

City of Potosí | **N** 볼리비아 **Y** 1987 **H** C(II, IV, VI)

볼리비아 남서부에 자리한 포토시는 헌법상의 수도인 수크레에서도 멀지 않은 곳에 있다. 해발고도 4,020미터로 세계적으로 높은 지역에 있는 도시 가운데 하나로 꼽히며 중세에는 남아메리카 최대 은광을 보유한 곳으로 유명했다.

스페인이 남아메리카를 정복할 당시 포토시는 작은 촌락에 불과했다. 그러다 1545년에 인근 지대에서 처음으로 은광이 발견되고 나서 매우 빠르게 발전했다. 17세기 남아메리카 최대 도시로, 당시 은 제련 용광로 6,000여 개를 보유하고 있었다. 그러나 과도한 채광으로 지표층에 있던 부광富鑛이 급속하게 고갈되면서 은 생산량도 현격하게 줄어들었다. 스페인의 펠리페 2세는 포토시 총독에게 이러한 국면을 타

포토시의 은광 채굴 기술

포토시는 은광 채굴에 인디언의 노동력을 강제로 동원했다. 아프리카 낙타를 이용해 은광을 운반해서 망치로 광석을 깨뜨려 분말로 만들고 여기에 수은을 넣어 은을 채취했다. 아래 그림은 바퀴로 해머에 동력을 제공하는 모습이다. 상하 방향으로 설치된 수도가 바퀴에 연결되어 있는데 수도에서 흘러나오는 물의 추력으로 동력을 얻었다. 비와 설산에서 녹아내린 물을 저장해 수원으로 사용했다.

개할 방도를 강구하도록 명했다. 총독은 당시 멕시코에서 운용되던 은광석 가공 기술을 도입하기로 했다. 이 가공 과정에는 방대한 양의 수원이 필요했다. 이에 총독은 수많은 노동력을 동원해 인공 호수 22곳을 조성했다. 엄청난 노동력을 안정적으로 확보하기 위해 그는 일정 기간 부역한 노예들에게 자유 신분을 주는 잉카 제국의 전통 부역제를 부활시켰다. 총독의 노력에 힘입어 은 생산량은 다시 증가하기 시작했고 포토시는 옛 영화를 되찾았다. 16세기 중엽부터 17세기 말에 이르기까지 이곳에서 채굴한 은 1만 6,000톤이 스페인으로 유입되었다. 17~18세기까지 포토시의 은 생산량은 전 세계 생산량의 절반을 차지했으며, 이는 대서양을 가로질러 포토시와 스페인 본토 사이를 잇는 교량을 설치할 수 있을 정도였다. 스페인 정부는 이곳에 화폐 제조 공장을 세우기도 했다.

안데스 산맥에 자리한 포토시 광산. 현재 은광은 대부분 폐광되었으나 새로 주석 광산이 발견되어 다시 활기를 찾았다.

포토시가 도시적 면모를 갖추기 시작할 무렵에는 작은 성당 몇 개와 드문드문 자리한 가옥이 전부였지만, 점차 도시가 발전함에 따라 점차 대규모 이민자들을 흡수했다. 은을 가득 싣고 스페인으로 향했던 배들은 부자가 되려는 꿈을 품은 이민자들을 가득 싣고 회항했다. 그러나 실제로 부자의 꿈을 이룬 사람들은 극소수였다. 한편 부자가 된 광산주들이 주축이 되어 포토시에 대규모 공사를 추진하기 시작했다.

17세기 말에는 '메스티소mestizo' 라는 이름의 새로운 건축 양식이 유행했다. 인디언 문화와 스페인 양식이 결합된 건축 양식으로 '솔로몬식 원기둥' 을 가장 큰 특징으로 꼽을 수 있다. 1691년에 건축된 산타 테레사 성당Convent of St. Teresa이 대표적이다.

1825년 무렵 포토시의 은광은 대부분 폐광되었으나 새로이 주석 광산이 발견되면서 위기에 처할 뻔했던 포토시를 되살렸다.

포토시에 있는 스페인
왕실 조폐 공장

수크레 역사 지구

볼리비아 수크레 시

Historic City of Sucre | N 볼리비아 Y 1991 H C(IV)

    수크레는 볼리비아 초대 대통령 안토니오 호세 데 수크레Antonio José de Sucre의 이름을 따서 명명한 도시이다. 남아메리카를 해방시킨 볼리바르를 곁에서 보좌한 수크레는 볼리비아 독립에 결정적 역할을 한 인물이다. 이러한 공적을 인정받아 초대 대

남아메리카 최초의 대학인 산프란시스코사비에르 대학

통령으로 선출되었으며 1839년에 수크레 시를 수도로 정했다. 수크레 시는 본래 작은 인디언 촌락이었다. 1538년부터 도시 건설을 시작해 1559년에 입법부를 설치하고, 1624년에 남아메리카 최초의 대학인 산프란시스코사비에르San Francisco Xavier 대학이 설립되었다. 재학생이 1만여 명인 이 학교는 볼리비아 고등 교육의 상징이다. 수크레 도심 중앙에는 '5월 25일 광장'이 있다. 광장 정남쪽에 있는 '자유의 집Casa de la Libertad'은 1701년에 건축된 흰색 신고전주의 건축물로, 1825년에 스페인이 볼리비아의 독립을 승인하며 '독립선언문'에 서명한 곳으로 유명하다.

광장 맞은편에 있는 수크레 대성당은 1551년에 건축되었다. 17세기 말 측랑 두 개가 증축되었으며 정문을 바로크식으로 개조했다. 증축된 측랑 안에는 1601년에 제조된 성모상이 보관되고 있다. 다이아몬드와 진주로 장식된 이 성모상은 남아메리카의 귀중한 유물로 꼽힌다. 성당 안에 있는 4층 높이의 종탑은 '백색 도시' 수크레의 상징적 건물로, 네 모퉁이에 복음의 사자 네 명과 12사도의 조각상이 세워져 있다. 수크레 시에서 가장 오래된 성당은 1538년에 착공한 산 라자로San Lázaro 성당으로, 당시에는 흙벽돌과 초목을 주재료로 사용한 인디언 전통 건축 방식으로 지어졌다. 1601년에 건축된 라 레클레타La recoleta 수도원은 수크레에서 가장 오래되고 아름다운 수도원이다.

티와나쿠

Tiwanaku: Spiritual and Political Centre of the Tiwanaku Culture | N 볼리비아 Y 2000 H C(Ⅲ, Ⅳ)

볼리비아 고원 남부 지방에서 형성된 티와나쿠 문화는 3~8세기까지 매우 번성했다. 티티카카 호수 남쪽 티티카카 마을에 있는 '태양의 문Puerta Del Sol' 이 가장 대표적인 유물이다. 티와나쿠 문화는 남아 메리카 대륙뿐만 아니라 중부 아메리카 지역과 태 평양에 있는 이스터 섬Easter Island까지 광범위하게 영향을 끼쳤다.

티와나쿠 문화는 티티카카 호수를 떠나서는 생 각할 수 없다. 해발고도 3,810미터에 있는 티티카카 호수는 티와나쿠의 주요한 식수원이자 관개용수였 기 때문이다. 주변이 온통 척박한 고원 지대로 초목 이 잘 자랄 수 없는 이곳은 추위에 강한 야생초들을 제외하면 황량하기 그지없다.

해발고도 2,750미터의 고원에 자리한 수크레 시. '고원 위의 수도' 라는 별칭이 있다.

따라서 100톤이 넘는 '태양의 문'과 다른 건축 유적이 있는 이곳은 도시가 아니라 일종의 종교 성지였을 것으로 추정된다.

티와나쿠 유적지는 길이 1,000미터, 너비 450미터의 고건축물군으로 4~5킬로미 터 떨어진 채석장에서 옮겨온 돌을 장방형으로 다듬어 만든 석조 건축물이 주류를 이룬다. 총 면적 65제곱미터, 높이 15미터의 단상에 가옥과 저수지를 포함한 주요 건축물들이 집중되어 있으며 주변에 돌로 담장을 쌓았다. 거대한 돌을 통째로 깎아 만든 석조상의 커다란 두 눈은 멕시코 툴라Tula 유적지에서 발굴된 무사 석조상의 눈 과 매우 닮았다.

단상 위에는 사각형으로 움푹 들어간 정원이 있으며, 돌계단을 통해 들어갈 수 있도록 설계되었다.

바로 이 정원 안에 '태양의 문'과 '인체 돌기둥'이 있다. 거대한 바위를 깎아 만든 '태양의 문'은 높이가 3미터에 달하며 태양신상, 대머리독수리, 태양 등의 조각이 새겨져 있다. 특히 머리에 뱀과 올빼미 문양의 관을 쓰고 표범머리 목걸이를 착용한 신상은 두 손에 독수리 두상을 새긴 방망이를 들고 있으며 크고 둥근 눈은 반짝반짝 빛이 난다. 이 신상 주변으로 수많은 소형 신상들이 무리지어 있다.

이와 같은 태양신상은 티와나쿠 유적뿐만 아니라 칠레의 잉카 유적지에서도 많이 발굴되었다. 또 하나의 유명한 유물 '인체 돌기둥'은 사각형의 입체상으로 배 위에 손을 얹고 수염을 기른 얼굴에는 위엄이 가득하다. 도자기와 옷감에서도 이러한 도

안데스 산맥에 있는 유적지, 신비로운 분위기에 압도될 것만 같다.

안이 발견되었다.

그러나 티와나쿠 유적지는 많은 시련을 겪어야 했다. 당시 스페인 정부는 이 유적이 사이비 종교의 성향이 강하다고 여겨 마구 파괴했던 것이다. 일부 대형 석조상은 철도 바닥 공사에 사용되기까지 했다.

관련 문헌 자료에는 티와나쿠 왕국이 9세기 초에 건립되었으며 중앙 집권을 실시하고 대외 침략을 일삼았다고 기록되어 있다. 통치 계급은 정복지마다 폭정을 하고 태양신을 섬기도록 강요했다. 아메리카 대륙 곳곳에 태양신상이 발견되는 이유도 여기에서 찾을 수 있을 것이다. 12세기에 이르러 지리, 생태 환경이 악화되면서 쇠퇴 일로를 걸었다.

오루프레투 역사 지구

브라질 남동부 미나스제라이스(Minas Gerais) 주

Historic Town of Ouro Prêto | 🇳 브라질 🅨 1980 🅗 C(Ⅰ, Ⅲ)

오루프레투 역사 지구는 브라질의 유명한 광산 지대이다. 온통 산에 둘러싸인 이 도시는 금광이 발견되고 나서부터 급속하게 발전하기 시작했다. '오루프레투'는 '검은 황금'이란 뜻이다.

1696년에 대형 금광이 발견되자 금을 채취하려는 사람들이 벌떼처럼 몰려들었다. 18세기에 이르러 미나스제라이스 주는 세계적인 금광으로 부상했고 오루프레투 역시 번영을 누렸다.

도시 중앙의 티라덴테스Tiradentes 광장 양쪽으로 식민지 시대의 건축물 두 개가 자

브라질의 상징인 삼바 축제는 매년 수많은 관광객을 끌어들인다.

리하고 있다. 하나는 1741년에 지은 당시 지방 장관의 관저로 현재는 박물관으로 개방되었다. 다른 하나는 당시 지방 정부 소재지 건물로 1907년부터 30년 동안 감옥으로 사용되었다.

오루프레투에는 예술적 가치가 높은 바로크식 성당이 많다. 브라질 최고의 조각가이자 건축가로 꼽히는 알레이자디뉴Aleijadinho가 설계와 시공을 맡은 디아스 성당Igreja de Nossa Senhora da Conceiçao de Antônio Dias과 상프란시스쿠데아시스 성당Igreja de Sao Francisco de Assis이 특히 유명하다.

오루프레투 시는 좁은 골목과 도로, 단층, 또는 2층 구조의 낮은 가옥, 흰색 담장과 화려한 인테리어로 유명하다.

사우바도르 데 바이아 역사 지구

브라질 동부 바이아(Bahia) 주 사우바도르 시

Historic Centre of Salvador de Bahia | N 브라질 Y 1985 H C(Ⅳ, Ⅵ)

브라질 북동부의 항구 도시 사우바도르는 대서양 산토스Santos 만 동쪽 해안에 있다. 1549~1763년까지 포르투갈이 브라질에 건설한 최초의 도시로 식민지 시대 브라질의 수도였다.

대서양 반도에 있는 사우바도르는 산과 언덕을 배경으로 아름다운 경치와 수많은 명승지가 자리하고 있어 관광지로도 유명하다.

역사 지구는 크게 산지 구역과 해안 구역으로 구분된다. 산지 구역에 있는 80미터 높이의 가파른 절벽은 적의 해상 공격을 막는 천연 병풍 역할을 했다. 고색창연한 분위기에 바로크식 건축물과 작은 광장이 곳곳에 들어서 있으며, 펠로링요Pelourinho 광장 주변에 있는 건축물들은 르네상스 시대의 유럽 도시를 연상케 한다. 좁고 밀집된 도로에 검은색과 흰색 돌을 사용해 만든 체크무늬 도안도 인상적이다.

사우바도르에는 성당 160여 곳이 있어 남아메리카 대륙 도시 가운데 가장 많은 수를 자랑한다.

과거 노예 시장이 형성되었던 해안 구역은 지금은 수공예품 시장으로 유명하다. 당시 포르투갈 상선들이 앙골라, 모잠비크 등 아프리카 지역의 흑인들을 브라질에 팔았고, 수세기가 지나 사우바도르에는 혼혈 인종이 주민 대다수를 차지하게 되었다. 브라질의 유명한 음식들은 대개 흑인들의 고향 음식에서 발전한 것이며, 흥겨운 삼바 댄스도 이들의 전통 춤에서 유래했다.

사우바도르는 포르투
갈 식민지 시대에 아
프리카 노예무역의 중
심지였다.

카르타헤나의 항구·요새·역사 기념물군

카리브 해(Caribbean Sea) 남서쪽 콜롬비아 북부 볼리바르 주

Port, Fortresses and Group of Monuments, Cartagena | N 콜롬비아 Y 1984 H C(IV, VI)

카르타헤나는 남아메리카 대륙 중부 카리브 해안에 자리한 천혜의 항구로, 내륙으로 이어지는 주요 통로이다. 1533년에 스페인이 건설한 남아메리카 거점 도시로, 이 항구를 통해 매년 다량의 황금과 은, 코코아, 담배, 목재, 향료 등이 스페인으로 운반되었다.

1586년에 스페인 국왕은 카르타헤나의 통제 관할권을 확보하기 위해 견고한 요새 성곽을 짓도록 명했다. 흑인 노예 30만 명의 노동력을 동원해 지은 이 요새 성곽은 1741년에 영국군의 공격을 성공적으로 막아 내면서 주가를 올렸다.

그러나 나폴레옹이 스페인을 점령한 틈을 노려 독립을 선언하자 이에 분개한 스페인 국왕 페르난도 7세가 포위 공격을 감행해 당시 대부분 주민이 굶어 죽은 것으로 알려졌다. 당시의 암울한 역사를 지켜본 탓일까? 카르타헤나 요새 성곽에는 왠지 모를 처연함이 묻어난다.

카르타헤나 유적지에 있는 성당. 500년의 역사가 있는 이곳은 과거 스페인의 노예 거래 시장이었다.

산 아구스틴 고고학 공원

콜롬비아 남서부 우일라(Huila) 주

San Agustin Archeological Park | Ⓝ 콜롬비아 Ⓨ 1995 Ⓗ C(Ⅲ)

콜롬비아 남서부 안데스 산지 해발고도 1,800미터 지점에 있는 산 아구스틴 고고학 공원은 쾌적한 기후와 풍부한 강수량 등 천혜의 자연 조건에 힘입어 독특한 인디언 문화가 발전했다. 산 아구스틴 문화는 8세기에 전성기를 구가했고, 이후 다른 아메리카 문명처럼 빠르게 쇠락했다.

공원 안에는 500킬로미터 반경에 묘지, 신전, 석상 등이 산재해 있다. 현무암에 새긴 정교한 석조 조각상과 비석은 5세기경의 유물로 추정되며, 현재까지 잔해가 400여 점 남아 있다. 이스터 섬에 있는 조각상이 긴 귀, 긴 코, 긴 얼굴 등 다소 험악한 인상이라면, 이곳 조각상들은 작가의 풍부한 상상력이 엿보이는 앙증맞은 표정이다. 전기 작품들은 간결하고 투박한 느낌을 주는 반면에 후기 작품들은 섬세한 기교가 두드러진다.

산 아구스틴 고고학 공원 안에 있는 무사 조각상군. 웃음 띤 얼굴 표정이 인상적이다.

브라질리아

Brasilia | N 브라질 Y 1987 H C(I , IV)

브라질리아는 현대식 건축의 특색을 한자리에 모아 놓은 최신식 도시로 평가 받는다.

신흥 계획도시 브라질리아는 총 면적 5,814제곱킬로미터, 위성 도시 8개를 거느린 브라질의 수도이다. 현대식 미적 감각이 돋보이는 다양한 건물들은 고금의 건축 예술을 총망라했다고 평가되며, 덕분에 브라질리아는 '세계의 건축 박람회장'이라는 별명이 따라다닌다.

브라질리아 이전의 브라질 수도는 상파울로와 리우데자네이루로, 모두 연해 도시이다. 1956년에 브라질 대통령에 당선된 쿠비체크Kubtcheck가 브라질 내륙 지방의 개발과 경제 발전을 위해 새로운 수도의 건설을 추진했다. 이때 공모를 통해 브라질의 도시 계획가 루시우 코스타 Lúcio Costa가 설계한 제트기 모양의 계획안이 선택되었는데, 이는 새로운 수도가 될 브라질리아가 브라질의 경제를 이끌어나갈 것임을 상징한다.

3년여의 건설 기간을 거쳐 1960년 4월 21일에 브라질은 드디어 새로운 수도를 얻었다. 당시 사용된 자재는 모두 비행기를 이용해 공수했고 브라질 전역에서 대규모 노동력이 투입된 결과였다.

이 제트기 모양의 도시에서 핵심은 바로 의회, 법원, 대통령 청사가 있는 '삼권 광

브라질리아의 상징인 의회 건물. 그릇 바닥이 위로 향하게 엎어 놓은 듯한 상원 건물은 '단결'을 상징하며, 그릇 바닥이 아래를 향한 하원 건물은 '민주'를 상징한다.

장'Praca dos Tres Poderes' 이라고 할 수 있다. 의회, 법원, 대통령 청사가 기수機首 부분에 있고 길이 8킬로미터, 너비 250미터의 간선도로는 몸체이다. 넓은 대로 양쪽으로는 같은 규격의 고층 건물들이 늘어서 있다. 날개 부분에는 상업 지구, 주택가, 경기장 등이 있고, 화물 적재 칸에는 문화, 체육 관련 시설이 있으며, 꼬리 부분은 서비스업종 밀집 지역이다.

도시의 동쪽 끝에 있는 대통령 관저는 가장 먼저 일출을 본다는 의미로 '여명의 궁전'으로 불리며, 호수 가운데 있는 외교부 청사는 유리벽이 호수 수면에 반사되어 반짝인다고 해서 '수정 궁전'으로 불리기도 한다. 이 밖에 이집트 피라미드를 닮은 국립 극장, 로마 교황이 쓰는 둥근 모자를 연상케 하는 브라질리아 대성당 등도 또 다른 볼거리를 선사한다.

현대식 건축물이 주는 차가운 인상을 완화시키고자 브라질리아의 모든 건축물은 곡선미를 최대한 살려 색다른 분위기를 연출한다.

쿠스코 시

City of Cuzco | N 페루 Y 1983 H C(Ⅲ, Ⅳ)

쿠스코 유적지는 페루 남부 우루밤바Urubamba 강 상류, 해발고도 3,410미터의 안데스 산맥 고원 분지에 있다. 1200년 전, 잉카 부락의 추장 만코 카팍Manco Capac은 부락민을 이끌고 티티카카 호수를 떠나 쿠스코로 이주했다. 이곳에 거대한 성을 짓고 잉카 제국을 건립해 찬란한 잉카 문명을 꽃피우며 인디언 문화의 전성기를 구가했다.

1532년에 스페인의 식민지로 전락하면서 도시는 심각하게 파괴되었다. 잉카 제국 시대의 도로, 궁전, 신전, 가옥 일부가 남아 있는 수준이다. 그리고 스페인의 지배를 받은 수세기 동안 수많은 건축물이 들어서면서 잉카와 스페인 문화가 공존하는 독특한 분위기

좁고 깊은 쿠스코 시의 도로

를 형성했다.

쿠스코 유적지는 퓨마 모양으로 건설되었다고 한다. 안데스 산맥에 있는 사크사와이만Sacsayhuaman 신전은 머리 부위, 잉카 왕궁은 몸통, 귀족들의 저택은 꼬리 부분에 자리한다. 지금도 희미하게나마 그 윤곽을 확인할 수 있다.

쿠스코 시 중앙에 있는 아르마스 광장Plaza de Armas, 무기 광장은 잉카 제국 시대에 경축 행사 등이 거행되었던 곳이다. 광장 중앙에는 인디언의 전신 조각상이 우뚝 솟아 있고, 좁은 도로들이 방사형으로 뻗어 있다. 도로 양쪽에는 흙벽돌로 지은 초가가 늘어서 있는데 뾰족한 지붕이 인상적이다. 이 가운데 섞여 있는 수많은 석조 집터 역시 잉카 제국의 유물이다.

현존하는 궁전과 신전, 가옥들은 대부분 90킬로미터 떨어진 산에서 채석한 돌을 날라다 쌓은 것으로, 돌과 돌 사이에 모르타르와 같은 접착제를 전혀 사용하지 않았음에도 견고함을 자랑한다. 궁전 벽에 박혀 있는 12각형의 거대한 돌을 보고 있노라면 그 정교한 기술에 감탄이 절로 나온다.

광장 북쪽에 있는 쿠스코 대성당은 1560년에 처음 짓기 시작해 100여 년이 걸려서 마침내 완성했다. 르네상스 양식과 바로크식 건축 형태가 혼재하며, 성당 꼭대기에는 무게 13톤의 거대한 종이 달려 있다. 성당 안으로 들어서면 은으로 만든 거대한 제단과 정교하게 조각된 포교단상이 눈에 들어온다.

광장 동쪽에 있는 라 캄파니아 성당은 1668년에 건축된 것으로 화려한 채색화와 섬세한 조각의 제단이 눈길을 끈다. 쿠스코 시에서 1,500미터 떨어진 지점에는 세계적으로 유명한 태양 신전 '코리칸차Coricancha'가 있다. 고성을 기점으로 총 길이 3,000킬로미터에 달하는 잔도栈道: 벼랑에 구조물을 설치해 선반처럼 만든 길가 발달했는데 당시 페루의 주요 간선도로였다고 볼 수 있다.

쿠스코 시. 아르마스
광장과 주변에 빼곡하
게 늘어선 건축물들이
보인다.

마추피추 역사 보호 지구

페루 남동부 쿠스코 주(쿠스코 시 북서쪽 112킬로미터 지점)

Historic Sanctuary of Machu Picchu | Ⓝ 페루 Ⓨ 1983 Ⓗ C(Ⅰ, Ⅲ), N(Ⅱ, Ⅲ)

마추피추 역사 보호 지구는 깊은 안데스 산맥의 가파른 절벽 사이에 말안장 모양으로 움푹 들어간 계곡에 자리하고 있다. 해발고도는 2,280미터이며 산 아래로 우루밤바Urubamba 강의 급물살이 흘러내린다. '마추피추'는 잉카 언어로 '오래된 산봉우리'라는 뜻이다. 15세기경에 건설된 것으로 보이며 고산들에 둘러싸여 일 년 내내 구름과 안개가 산허리를 감싸고 있다. 스페인이 잉카 제국을 정복하자 원주민들은 고성을 버리고 산중으로 사라졌는데, 그 후로 종적을 알 수 없다.

보호 지구의 면적은 13제곱킬로미터이며 동·서·북 삼면이 가파른 절벽으로 둘러싸여 있다. 지금까지 건축물이 총 200여 개 발굴되었는데, 가옥, 성벽, 도로, 계단 등이 모두 돌을 쌓아 만든 것이다. 일부 계단은 산에 있는 바위를 옮기지 않고 그대로 깎아 만들기도 했다. 웅장한 궁전 유적, 폐허가 된 성벽, 신성한 제단과 신전 등을 통해 당시 잉카 문명이 매우 크게 번영했음을 알 수 있다.

'태양을 묶어 두는 기둥' 인티파타나의 모습. 마추피추에서 가장 높은 곳에 있으며, 산에 있는 암석을 깎아 만든 것이다. 높이는 약 2미터 가량이다.

유적지 주변은 거대하고 정갈한 석벽이 에워싸고 있으며 출입할 수 있는 성문은 단 한 개뿐이다. 성 안에도 돌계단으로 만든 도로가 남북으로 가로질러 나 있으며 신전, 왕궁, 보루, 정원, 거실, 욕실, 도로, 광장, 제단 등 다양한 건축물이 자리하고 있는 것을 볼 수 있다. 이러한 건축물들은 높이가 다른 계단을 서로 연결해서 만든 것으로, 계단이 160층에 달하는 것도 있다.

성 안의 수리 체계는 특히 주목할 만하다. 1킬로미터나 떨어진 곳에 있는 샘물을 끌어오기도 하고, 빗물을 담기 위해 공동 저수조를 운영했으며, 저수조의 물이 빨리 증발하는 것을 막기 위해 거

마추피추 부근에 계단식으로 개간된 농지. 자연을 개조하는 그들의 능력을 보여 주는 부분이다.

대한 석판을 덮어 두는 지혜를 발휘했다. 유적지 안의 모든 건축물은 옅은 빛깔의 화강암을 잘라 만들었으며 밀폐된 지하 인공 수로까지 만들었다. 화강암 한 덩어리가 대개 1톤에 육박한다. 이렇게 돌을 쌓아 만든 건축물들은 접착제가 필요 없을 정도로 견고하다.

종교 의식이 거행되었던 단상 위에는 '인티파타나 Intihuatana' 라고 불리는 거대한 돌이 놓여 있다. '인티파타나' 는 잉카 제국에서 시간을 측량하던 일종의 해시계로 '태양을 묶어 두는 기둥' 이라는 뜻이다. 장방형으로 중심에 돌기둥이 우뚝 서 있으며, 기둥의 그림자로 시간을 판단했다.

잉카인들은 인티파타나의 그림자로 계절의 변화를 감지해 달력을 만들기도 했다. 인티파타나는 한자 '철凸' 자 모양의 별로 대단해 보일 것이 없는 건축물이지만 잉카의 영혼이 서려 있는 곳이다. '태양의 손자' 를 자처했던 잉카인들은 태양을 숭배해서 되도록 높은 곳에 도시를 건설했다. 태양과 조금이라도 더 가까워지기를 바랐기 때문이다. 그들의 가장 큰 두려움은 태양이 어느 순간 사라져버리는 것이었다. 일몰 무렵이 되면 태양이 깊은 곳으로 떨어져 다시는 나오지 못할까 봐 전전긍긍했다. 그래서 태양을 묶어 두는 기둥을 만들게 된 것이다. 수백 년이 흐른 지금도 잉카의 후예들은 1년에 한 번씩 태양신에게 제사를 지내며 영원토록 대지를 비출 것을 기원한다.

OCEANIA

유네스코 세계유산
오세아니아

교과 관련 단원

OCEANIA

카카두 국립공원(318쪽)

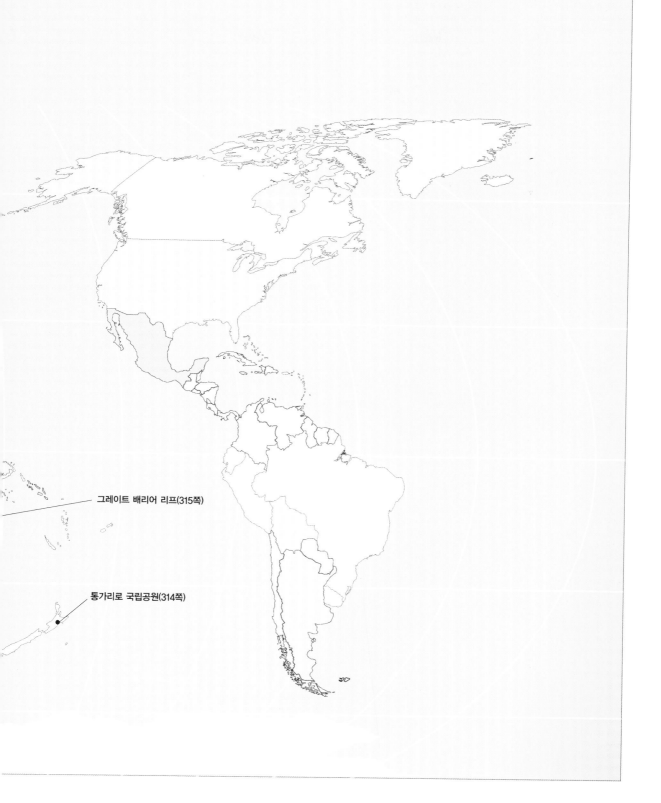

통가리로 국립공원

Tongariro National Park | ℕ 뉴질랜드 Ⓨ 1990, 1993 Ⓗ C(Ⅵ), N(Ⅱ, Ⅲ)

응가우르호에 화산

뉴질랜드 최고의 화산 공원인 통가리로 국립공원에는 현재 활동 중이거나 예전에 빈번하게 활동했던 화산 15개가 동북 방향으로 일렬로 뻗어 있다. 이 가운데 해발고도 2,796미터로 북섬 최고 높이를 자랑하는 루아페후Ruapehu 산과 원뿔 모양의 응가우르호에 Ngauruhoe, 나우루호에 산, 지열 자원이 풍부한 통가리로 산이 가장 유명하다.

정상이 만년설에 뒤덮인 루아페후 산은 스키의 천국으로 유명하며, 형성된 지 75만 년에 불과한 '젊은' 화산이다.

세 화산 가운데 가장 웅장한 분위기를 풍기는 응가우르호에 산은 절벽이 가파르고 정상에 직경 400미터의 화산 분출구가 있는 전형적인 원추형 화산이다. 19세기 초부터 빈번하게 활동하는 활화산으로 용암 분출 시 다양한 모습을 볼 수 있다. 가끔 흘러내린 용암이 산의 모습을 변형시키기도 한다.

곳곳에서 온천, 간헐천, 진흙 샘mud springs을 볼 수 있는 통가리로 산에서는 부글부글 끓어오르는 진흙 샘의 경관을 감상할 수 있다. 마치 펄펄 끓고 있는 죽 냄비를 보는 것 같다.

그레이트 배리어 리프
대보초(大堡礁)

오스트레일리아 동부 해안 퀸즐랜드(Queensland)

Great Barrier Reef | N 오스트레일리아 Y 1981 H N(Ⅰ, Ⅱ, Ⅲ, Ⅳ)

세계 최대의 산호초 경관을 자랑하는 그레이트 배리어 리프는 오스트레일리아 북동 해안 대륙붕육지 말단의 해수면 바로 아래 위치한 완경사의 평탄한 지형 위에 발달해 있다. 북쪽 토레스Torres 해협에서 남쪽 프레이저Fraser 섬에 이르는 2,000여 킬로미터에 해당하는 구간으로, 크고 작은 산호초 섬 2,900여 개가 모여 있으며 총 면적이 20만 7천 제곱킬

그레이트 배리어 리프 해저의 신비한 산호 세계

로미터에 달한다. 썰물이 빠져나가면 약 8만 제곱킬로미터의 산호초가 그 모습을 드러내고, 밀물이 들어오면 대부분 해수에 잠겨 600여 개 정도만 모습을 드러낸다.

'그레이트 배리어 리프' 란 이름은 영국의 탐험가이자 항해가인 제임스 쿡James Cook의 항해에서 유래했다. 1770년 6월에 지구 탐험에 나선 쿡 선장은 오스트레일리아 동부 해안을 지나다가 산호초와 석호潟湖, 바닷물이 모래기둥을 만 입구에 만들어 바다와 분리되어 형성된 호수 사이에서 배가 걸리고 말았다. 결국 선원들과 함께 배를 정박시킨 그는 이곳에 '그레이트 배리어 리프' 라는 이름을 붙여 주었다.

거대한 산호초 섬을 만드는 '신비로운 건축가' 는 직경이 몇 밀리미터에도 못 미치는 강장동물腔腸動物 산호충이다. 연평균 수온이 22~28℃인 해역에서만 서식할 수 있는 산호충은 깨끗한 물에서만 사는 생물로 알려졌다. 위의 조건을 모두 만족하는 오스트레일리아 동북 해안 대륙붕은 산호충이 번식하는 데 최적의 환경을 제공했다. 부유浮游 생물을 주 먹이로 삼고 군집 생활을 하는 산호충은 석회질을 분비한다. 늙은 산호충이 죽은 자리에 유해를 남기면 새로운 산호충이 계속해서 그 위에 번식한다.

이 수역에서는 산호충과 어류 1,400여 종, 갑각류, 조개류, 말미잘, 해면 등과 다양한 조류가 함께 보금자리를 만들어가고 있다. 이 가운데 산호가 차지하는 비중은 10%에 불과하다. 해삼이 토해 내는 조개껍데기 부스러기와 모래는 해저 바닥에 가라앉으면서 산호초 밑바닥에 금 간 부분들을 메워 주는 일등 공신이다.

그러나 산호초는 생태 환경 변화에 매우 민감해서 조금만 변화가 생겨도 쉽게 파괴된다. 1960년대에서 1970년에 이르기까지 불가사리 수가 급증하면서 위기를 맞은 적이 있었다. 불가사리가 토해 내는 소화액이 산호초를 직접 죽이는 결과를 가져온 것이다. 불가사리가 증가한 원인은 천적 소라의 수량이 급격히 감소한 데 기인했다. 소라를 보호하면서 일부 산호초 생태계가 다소 평형을 되찾았지만, 수십 년을 기다려야 하는 곳도 아직 남아 있다.

그레이트 배리어 리프는 천연의 해양 생물 박물관이기도 하다. 푸른 바다 위로 드문드문 수놓인 산호초와 석호는 아름다운 광경을 만들어 낸다. 수면 아래로 보이는 형형색색 해저 '삼림' 400여 종은 그야말로 장관이다. 어류 1,500여 종과 연체동물 4,000종이 산호초 위에서 유유히 노닐고 멸종 위기에 처한 듀공dugong, 바다거북 등의 서식지가 되어 주기도 한다.

[부록] 1997~2010
유네스코 세계유산 목록

유네스코 세계유산 목록 (1997~2010)

*1997년 이전에 등재된 유산은 포함되지 않음

감비아(Gambia)
2003 제임스 섬과 관련 주변 지역 James Island and
　　 Related Sites

그리스(Greece)
1999 성 요한 수도원과 파트모스 섬의 요한 계시록 동굴 역사
　　 지구 Historic Centre (Chorá) with the Monastery
　　 of Saint John "the Theologian" and the Cave of
　　 the Apocalypse on the Island of Pátmos
2007 코르푸 옛 마을 Old Town of Corfu

남아프리카공화국(South Africa)
1999 성 루시아 습지 공원 Greater St Lucia Wetland Park
1999 스테르크폰테인, 스와르트크란스, 크롬드라이 화석
　　 호미니드 지역 Fossil Hominid Sites of Sterkfontein,
　　 Swartkrans, Kromdraai and Environs
2000 우카람바/드라켄즈버그 공원 Ukhahlamba/
　　 Drakensberg Park
2003 마푼구베 문화 경관 Mapungubwe Cultural
　　 Landscape
2004 케이프 식물 보호 지구 Cape Floral Region
　　 Protected Areas
2005 브레드포트 돔(프레드포트 돔) Vredefort Dome
2007 리흐터스펠트 문화 및 식물 경관 RichtersVeld
　　 Cultural and Botanical Landscape

네덜란드(Netherlands)
1997 빌렘스타트 내륙 지방 역사 지구와 항구 Historic Area
　　 of Willemstad, Inner City and Harbour,
　　 Netherlands Antilles
1998 D. F 보우다의 증기 기관 양수장 Ir. D. F.
　　 Woudagemaal (D. F. Wouda Steam Pumping
　　 Station)
1999 벰스터 간척지 Droogmakerij de Beemster
　　 (Beemster Polder)
2000 리트펠트 슈뢰더 하우스 Rietveld Schröderhuis
　　 (Rietveld Schröder House)
2009 바덴해 The Wadden Sea
2010 싱겔운하 내 암스테르담의 17세기 운하고리지역
　　 Seventeenth-Century Canal Ring Area of
　　 Amsterdam inside the Singelgracht

네팔(Nepal)
1997 룸비니, 부처 탄생지 Lumbini, the Birthplace of the
　　 Lord Buddha

노르웨이(Norway)
2004 베가오얀 – 베가 제도(군도) Vegaøyan – The Vega
　　 Archipelago
2005 노르웨이 서부 피오르드 – 예이랑에르 피오르드와
　　 내로이 피오르드 West Norwegian Fjords –
　　 Geirangerfjord and Nærøyfjord
2005 스트루베 측지 아크 Struve Geodetic Arc

뉴질랜드(New Zealand)

1998 뉴질랜드 남극 연안의 섬들 New Zealand
　　Sub-Antarctic Islands

니카라과(Nicaragua)

2000 레온 비에호 유적 Ruins of León Viejo

덴마크(Denmark)

2000 크론보르 성 Kronborg Castle
2004 일룰리사트 아이스피오르드 Ilulissat Icefjord

독일(Germany)

1998 고전주의 바이마르 지역 Classical Weimar
1999 베를린의 박물관 섬(뮤제움진젤)
　　Museumsinsel(Museum Island), Berlin
1999 바르트부르크 성 Wartburg Castle
2000 데사우뵐리츠의 정원 Garden Kingdom of
　　Dessau-Worlitz
2000 라이헤나우 수도원 섬 Monastic Island of
　　Reichenau
2001 에센의 졸버레인 광산 공업 지대 Zollverein Coal
　　Mine Industrial Complex in Essen
2002 중북부 라인 계곡 Upper Middle Rhine Valley
2002 슈트랄준트와 비스마르의 역사 지구 Historic Centres
　　of Stralsund and Wismar
2004 브레멘 시청과 로랜드상 The Town Hall and Roland
　　on the Marketplace of Bremen

2004 무스카우어 공원 Muskauer Park / Park
　　Muzakowski
2004 드레스덴 엘베 계곡 Dresden Elbe Valley
2008 베를린 모더니즘 주택단지 Berlin Modernism
　　Housing Estates
2009 바덴해 The Wadden Sea

라오스(Lao People's Democratic Republic)

2001 참파삭 문화 지역 내 왓푸 사원과 고대 주거지 Vat
　　Phou and Associated Ancient Settlements within
　　the Champasak Cultural Landscape

라트비아(Latvia)

1997 리가 역사 지구 Historic Centre of Riga

러시아(Russian Federation)

1998 알타이 황금산 Golden Mountains of Altai
1999 코카서스 서부 지역 Western Kavkaz(Caucasus)
2000 페라폰토프 수도원 Ensemble of the Ferrapontov
　　Monastery
2000 카잔 크렘린 역사 건축물 Historic and Architectural
　　Complex of the Kazan Kremlin
2001 시호테알린 산맥 중부 지역 Central Sikhote-Alin
2003 데르벤트의 성, 고대 도시와 요새 Citadel, Ancient
　　City and Fortress Buildings of Derbent
2004 브랑겔 섬의 자연 보호 지구 Natural System of
　　Wrangel Island Reserve

2005 야로슬라블 역사 지구 Historical Centre of the City
    of Yaroslavl
2010 푸토라나 고원 Putorana Plateau

레바논(Lebanon)

1998 콰디샤 계곡과 백향목 숲 Ouadi Qadisha (the Holy
    Valley) and the Forest of the Cedars of God
    (Horsh Arz el-Rab)

루마니아(Romania)

1999 시기쇼아라 역사 지구 Historic Centre of Sighişoara
1999 오라스티에 산맥의 다키안 요새 Dacian Fortresses of
    the Orastie Mountains
1999 몰다비아 성당군 Churches of Moldavia

리투아니아(Lithuania)

2000 쿠로니아 모래톱 Curonian Spit
2004 커네바 고대 지구 Kernavè Archaeological Site
    (Cultural Reserve of Kernavè)

마다가스카르(Madagascar)

2001 암보히망가 왕실 언덕 Royal Hill of Ambohimanga
2007 말라카 해협의 역사 도시-멜라카와 조지타운 Melaca
    and George Town, Historic Cities of the Straits
    of Malacca

말라위(Malawi)

2006 총고니 암석화 유적지 Chongoni Rock Art Area

말레이시아(Malaysia)

2000 구눙물루 국립공원 Gunung Mulu National Park
2000 키나발루 공원 Kinabalu Park

멕시코(Mexico)

1997 과달라하라의 호스피시오 카바냐스 Hospicio Cabañas
1998 틀라코탈판 역사 기념물 지역 Historic Monuments
    Zone of Tlacotalpan
1998 파큄 카사스 그란데스 고고 유적지 Archeological
    Zone of Paquimé, Casas Grandes
1999 캄페체 요새 도시 Historic Fortified Town of
    Campeche
1999 소치칼코 고고 기념물 지역 Archaeological
    Monuments Zone of Xochicalco
2002 칼라크물, 캄페체의 고대 마야 도시 Ancient Maya
    City of Calakmul, Campeche
2003 케레타로 시에라 고르다의 프란치스코 선교본부
    Franciscan Missions in the Sierra Gorda of
    Querétaro
2004 루이스 바라간의 집과 스튜디오(루이스 바라간저와
    아틀리에) Luis Barragán House and Studio
2005 캘리포니아 만의 섬과 보호 지역 Islands and
    Protected Areas of the Gulf of California
2006 용설란 재배지 경관 및 옛 테킬라 공장 유적지 Agave
    Landscape and Ancient Industrial Facilities of
    Tequila
2007 멕시코국립자치대학교 중앙대학 도시 캠퍼스 Central
    University City Campus of the Universidad
    Nacional Autonoma de Mexico
2008 산미겔 보호 지구와 아토토닐코의 나사렛 예수교회
    Protective Town of San Miguel and the
    Sanctuary of Jesus Nazareno de Atotonilco
2008 왕나비 생물권 보존지역 Monarch Butterfly
    Biosphere Reserve
2010 오악사카 중앙계곡의 야굴과 미뜰라의 선사동굴

Prehistoric Caves of Yagul and Mitla in the
Centural Valley of Oaxaca
2010 티에라 아덴트로의 카미노 레알 Camino Real de
Tierra Adentro

말리(Mali)
2004 아스키아의 무덤 Tomb of Askia

모로코(Morocco)
1997 볼루빌리스 고고학 지역 Archaeological Site of
Volubilis
1997 테투안의 메디나 Medina of Tétouan(formerly
known as Titawin)
2001 에사우이라의 메디나 Medina of Essaouira(formerly
Mogador)
2004 마자간의 포르투갈 요새(엘 자디다) Portuguese City
of Mazagan(El Jadida)

모리셔스(Mauritius)
2006 아프라바시 가트 Aapravasi Ghat
2008 르몬 문화 경관 Le Morne Cutural Landscape

몽골(Mongolia)
2003 우브스 누르 분지 Uvs Nuur Basin
2004 오르콘 계곡 문화 경관 Orkhon Valley Cultural
Landscape

미국(United Stateds of America)
2010 파파하노모쿠아키아 해양국립기념물
Papahānaumokuākea

바레인(Bahrain)
2005 깔라아뜨 알 바레인 고고 유적 Qal'at al-Bahrain
Archaeological Site

방글라데시(Bangladesh)
1997 순다르반스 The Sundarbans

베네수엘라(Venezuela)
2000 카라카스 대학 건축물 Ciudad Universitaria de
Caracas

베트남(Viet Nam)
1999 성자 신전(미선[美山] 유적) My Son Sanctuary
1999 호이안 고(古)도시 Hoi An Ancient Town
2003 퐁나케방 국립공원 Phong Nha-Ke Bang National
Park
2010 하노이 탕롱 황성의 중앙부 Centural Sector of the
Imperial Citadel of Thang Long

벨기에(Belgium)
1998 브뤼셀 그랑플라스 La Grand-Place, Brussels
1998 베긴 수녀원 Flemish Béguinages
1998 중앙 운하 다리와 그 주변 경관 The Four Lifts on the
Canal du Centre and their Environs, La
Louviére and Le Roeulx (Hainault)
1999 플랑드르와 왈로니아 종루 Belfries of Flanders and
Wallonia
2000 브뤼헤 역사 지구 Historic Centre of Brugge
2000 건축가 빅토르 오르타의 저택(브뤼셀) Major Town
Houses of the Architect Victor Horta (Brussels)
2000 스피엔네스의 신석기 시대 플린트 광산(몽스) Neolithic
Flint Mines at Spiennes (Mons)

2000 투르네의 노트르담 성당 Notre-Dame Cathedral in Tournai
2005 벨기에와 프랑스의 종루군 Belfries of Belgium and France
2005 플랜틴-모레터스 박물관 Plantin-Moretus House-Workshops-Museum Complex
2009 스토클레트 저택 Stoclet House

벨라루스(Belarus)
2000 미르 성 Mir Castle Complex
2005 니스비쉬의 란치빌 가 생가 (건축·주거·문화 복합 공간) Architectural, Residential and Cultural Complex of the Radziwill Family at Nesvizh

보스니아-헤르체고비나(Bosnia and Herzegovina)
2005 모스타르 구시가지의 다리 Old Bridge Area of the Old City of Mostar
2007 비세그라드의 메흐메드 파사 소콜로빅 다리 Mehmed Pasa Sokolovic Bridge in Visegrad

보츠와나(Botswana)
2001 초디로 Tsodilo

볼리비아(Bolivia)
1998 사마이파타 암벽화 Fuerte de Samaipata
2000 노엘 켐프 메르카도 국립공원 Noel Kempff Mercado National Park

브라질(Brazil)
1997 상 루이스 역사 지구 Historic Centre of São Luís
1999 디아만티나 시 역사 지구 Historic Centre of the Town of Diamantina
1999 디스커버리 해안 대서양 연안의 삼림 보호 지구 Discovery Coast Atlantic Forest Reserves
1999 대서양 남동부 삼림 보호 지구 Atlantic Forest South-East Reserves
2000 판타날 보존 지구 Pantanal Conservation Area
2000, 2003 아마존 열대우림 보호 지역 Central Amazon Conservation Complex
2001 케라도 열대우림 보호 지역 : 샤파다 두스 베아데이루스와 에마스 Cerrado Protected Areas : Chapada dos Veadeiros and Emas National Parks
2001 브라질 대서양 제도 : 페르난두 데 노로냐와 아톨 다스 로카스 보호 지역 Brazilian Atlantic Islands: Fernando de Noronha and Atol das
2001 고이아스 역사 지구 Historic Centre of the Town of Goiás
2010 사오 크리스토바오의 사오 프란치스코 광장 São Francisco Square in the Town of São Cristovão

사우디아라비아(Saudi Arabia)
2010 애-디리야의 아-투라이프 지구 At-Turaif District in Ad-Dir'iyah

세네갈(Senegal)
2000 생 루이 섬 Island of Saint-Louis

세르비아(Serbia)
2004 데카니 수도원 Decani Monastery

2007 갈레리우스 궁전 Gamzigrad-Romuliana, Palace of
    Galerius

세인트루시아(Saint Lucia)

2004 피통스 관리 지구(PMA) Pitons Management Area

세인트크리스토퍼 네비스(Saint Christopher and Nevis)

1999 브림스톤힐 요새 국립공원(유황산 요새 국립공원)
    Brimstone Hill Fortress National Park

솔로몬 제도(Solomon Islands)

1998 동 렌넬 East Rennell

스페인(Spain)/ 에스파냐

1997 라스 메둘라스 Las Medulas
1997 바르셀로나의 카탈라냐 음악당과 산트 파우 병원 Palau
    de la Musica Catalana and Hospital de Sant
    Pau, Barcelona
1997 산 밀란 유소-수소 수도원 San Millan Yuso and
    Suso Monasteries
1998 알카라 데 에나레스 대학 및 역사 지구 University and
    Historic Precinct of Alcala de Henares
1998 이베리아 반도 지중해 연안 암벽화 지역 Rock Art of
    the Mediterranean Basin on the Iberian
    Peninsula
1999 이비사, 생물 다양성과 문화 Ibiza, Biodiversity and
    Culture
1999 산 크리스토발 데 라 라구나 San Cristobal de La
    Laguna
2000 타라코 고고 유적 Archaeological Ensemble of
    Tarraco

2000 엘체시의 야자수림 경관 Palmeral of Elche
2000 루고 성벽 Roman Walls of Lugo
2000 발데보이의 카탈란로마네스크 교회 Catalan
    Romanesque Churches of the Vall de Boi
2000 아타푸에르카 고고 유적 Archaeological Site of
    Atapuerca
2001 아란후에스 문화 경관 Aranjuez Cultural Landscape
2003 우베다와 바에자의 르네상스 기념물군 Renaissance
    Monumental Ensembles of Ubeda and Baeza
2006 비스카야 대교 Vizcaya Bridge
2007 테이데 국립공원 Teide National Park
2009 헤라클레스의 탑 The Tower of Heracules

슬로바키아(Slovakia)

2000 바르데요프 도시 보존 지구 Bardejov Town
    Conservation Reserve
2007 카르파티아 원시 너도밤나무 숲 Primeval Beech
    Forests of the Carpathions
2008 카르파티아 산맥 슬로바키아 지역의 목조 교회
    Wooden Churches of the Slovak part of the
    Carpathian Mountain Area

수단(Sudan)

2003 게벨 바르칼과 나파탄 지구 유적 Gebel Barkal and
    the Sites of the Napatan Region

스리랑카(Sri Lanka)

2010 스리랑카의 중앙산악지대 Centural Highlands of Sri
    Lanka

스웨덴(Sweden)

1998 칼스크로나 항구 Naval Port of Karlskrona

2000 크바르켄 군도와 하이 코스트 Kvarken Archipelago / High Coast

2000 윌란드 남부 농업 경관 Agricultural Landscape of Southern Oland

2001 팔룬 구리 광산 지역 Mining Area of the Great Copper Mountain in Falun

2004 바르베르크 무선 방송국(라디오 방송국) Varberg Radio Station

스위스(Switzerland)

2000 베린존 시장 마을의 성과 성벽 Three Castles, Defensive Wall and Ramparts of the Market-town of Bellinzone

2001 알프스 융프라우 지역 Jungfrau-Aletsch-Bietschhorn

2003 몬테 산 죠르지오 Monte San Giorgio

2007 라보, 포도원 테라스 Lavaux, Vineyard Terraces

2008 스위스 사르도나 지각 표층 지역 Swiss Tectonic Arena Saradona

2008 알불라-베르니나 경관 지역의 라에티안 철로 Rhaetian Railway in the Albula-Bernina Landscape

2009 라쇼드퐁 · 르로클 시계 제조 계획도시 La Chaux-de-Fonds / Le Locle Watchmaking town planning

2010 몬테 산 조지오 Monte San Giorgio

시리아(Syrian Arab Republic)

2006 기사의 성채와 살라딘의 요새 Crac des Chevaliers and Qal'at Salah El-Din

아르메니아(Armenia)

2000 게하르트의 수도원과 아자 계곡 Monastery of Geghard and the Upper Azat Valley

2000 에크미아신(에치미아진)의 교회와 즈바르트노츠의 고고 유적지 Cathedral and Churches of Echmiatsin and the Archaeological Site of Zvartnots

아르헨티나(Argentina)

1999 리오핀투라스 암각화 Cueva de las Manos, Rio Pinturas

1999 발데스 반도 Peninsula Valdes

2000 코르도바의 예수회 수사 유적과 대목장 Jesuit Block and Estancias of Cordoba

2000 이치구알라스토 탈람파야 자연공원 Ischigualasto/ Talampaya Natural Parks

2003 우마우카 협곡 Quebrada de Humahuaca

아이슬란드(Iceland)

2004 딩벨리어 국립공원 Þingvellir National Park

2008 쉬르트세이 섬 Surtsey

아프가니스탄(Afghanistan)

2002 얌의 첨탑과 고고학 유적 Minaret and Archaeological Remains of Jam

2003 바미안 계곡의 문화 경관과 고고 유적 Cultural Landscape and Archaeological Remains of the Bamiyan Valley

안도라(Andorra)

2004 마드리우-클라로-페라피타 계곡 Madriu-Claror-Perafita Valley

알바니아(Albania)

2005 지로카스트라 박물관 도시 Museum-City of
     Gjirokastra

에스토니아(Estonia)

1997 탈린 역사 지구 Historic Centre (Old Town) of
     Tallinn

에콰도르(Ecuador)

1999 쿠엔카 역사 지구 Historic Centre of Santa Ana de
     los Rios de Cuenca

영국(United Kingdom)

1997 그리니치 해변 Maritime Greenwich
1999 오크니 제도 신석기 유적 Heart of Neolithic Orkney
2000 세인트조지 역사 마을과 버뮤다 방어 요새 Historic
     Town of St. George and Related Fortifications,
     Bermuda
2000 블래나번 산업 경관 Blaenavon Industrial
     Landscape
2001 도싯과 동부 데번 해안 절벽 Dorset and East Devon
     Coast
2001 더웬트 계곡 방직 공장 Derwent Valley Mills
2001 뉴래너크 New Lanark
2001 솔테어 공업촌 Saltaire
2003 큐-왕립 식물원 Royal Botanic Gardens, Kew
2004 리버풀-해양 산업 도시 Liverpool - Maritime
     Mercantile City
2006 콘월과 서부 데번 지방의 광산 유적지 경관 Cornwall
     and West Devon Mining Landscape
2009 폰트치실트 다리와 운하 Pontcysylte Agueduct and
     Canal

오만(Oman)

2000 프란킨센스 유적 Land of Frankincense
2004 아플라즈 관개 시설 유적 Aflaj Irrigation Systems of Oman

오스트레일리아(Australia)

1997 허드와 맥도날드 제도 Heard and McDonald Islands
1997 매쿼리 섬 Macquarie Island
2000 블루마운틴 산악 지대 Greater Blue Mountains Area
2003 푸눌루루 국립공원 Purnululu National Park
2004 왕립 전시관과 칼튼 정원 Royal Exhibition Building
     and Carlton Gardens
2007 시드니 오페라 하우스 Sydney Opera House
2010 호주 교도소 유적 Australian Convict Sites

오스트리아(Austria)

1998 젬머링 철도 Semmering Railway
1999 그라츠 역사 지구 City of Graz - Historic Centre
2000 와차우(바하우) 문화 경관 Wachau Cultural
     Landscape

오스트리아 - 헝가리

2001 페르퇴/노이지들러 문화 경관 Cultural Landscape of
     Ferto / Neusiedlersee

요르단(Jordan)

2004 움아르 라사르(카스트롬 메파아) Um er-Rasas
     (Kastrom Mefa'a)

우간다(Uganda)

2001 카수비의 부간다 왕릉군 Tombs of Buganda Kings at
     Kasubi

우즈베키스탄(Uzbekistan)

2000 샤크리스얍즈 역사 지구 Historic Centre of
    Shakhrisyabz
2001 사마르칸트 – 문화 교차로 Samarkand –
    Crossroads of Cultures

우크라이나(Ukraine)

1998 리비브 역사 지구 L'viv – the Ensemble of the
    Historic Centre
2007 카르파티아 원시 너도밤나무 숲 Primeval Beech
    Forests of the Carpathians

이라크(Iraq)

2003 아슈르 Governorate of Salah ad Din
2007 사마라 고고 유적 도시 Samarra Archaeological City

이란(Iran)

2003 타흐트 슐레이만 Takht-e Soleyman
2004 파사르가대 Pasargadae
2004 밤 지역 문화 경관 Bam and its Cultural
    Landscape
2005 솔타니예(술타니야) Soltaniyeh
2006 비수툰 Bisotun
2008 이란의 아르메니아 교회 수도원 유적 Armenian
    Monastic Ensembles of Iran
2009 슈슈타르 관개시설 Shushtar Historical Hydraulic
    System
2010 세이크 사피 알딘 카네가와 사원 및 아르다빌의 성지
    유적군 Sheikh Safi Al-din Khānegāh and Shrine
    Ensemble in Ardabil
2010 타브리즈 바자 역사 지구 Tabriz Historic Bazaar
    Complex

이스라엘(Israel)

2001 마사다 국립공원 Masada
2001 아크레 고대 항구 도시 Old City of Acre
2003 텔아비브 화이트시티 모더니즘 운동 White City of
    Tel-Aviv – the Modern Movement
2005 네게브 지역의 사막 도시와 향로 교역로 Incense
    Route – Desert Cities in the Negev
2008 하이파와 갈릴리 서부 지역의 바하이교 성지 Baha'i
    Holy Places in Haifa and the Western Galilee

이집트(Egypt)

2002 성 캐서린 지구 Saint Catherine Area
2005 와디 알 히탄 Wadi Al-Hitan (Whale Valley)

이탈리아(Italy)

1997 카세르타의 18세기 궁전과 공원, 반비텔리 수도교
    산루치오 18th-Century Royal Palace at Caserta
    with the Park, the Aqueduct of Vanvitelli, and
    the San Leucio Complex
1997 사보이 궁중 저택 Residences of the Royal House
    of Savoy
1997 파도바(파두아) 식물원 Botanical Garden (Orto
    Botanico), Padua
1997 포르토베네레, 친퀘 테레와 섬들 Portovenere, Cinque
    Terre, and the Islands (Palmaria, Tino and
    Tinetto)
1997 모데나의 토레 시비카와 피아차 그란데 성당 Cathedral,
    Torre Civica and Piazza Grande, Modena
1997 코스티에라 아말피타나(아말피 해안) Costiera
    Amalfitana
1997 아그리젠토 고고 지구 Archaeological Area of
    Agrigento
1997 카잘레의 빌라 로마나 Villa Romana del Casale
1997 수 누락시 디 바루미니 Su Nuraxi di Barumini

1998 시렌토, 발로, 디 디아노 국립공원 Cilento and Vallo di Diano National Park with the Archeological sites of Paestum and Velia, and the Certosa di Padula

1998 아퀼레이아 고고 유적지 및 가톨릭 성당 Archaeological Area and the Patriarchal Basilica of Aquileia

1999 아드리아나 고대 건축 Villa Adriana (Tivoli)

2000 에올리에 제도 sole Eolie (Aeolian Islands)

2000 아시시, 성 프란체스코의 바실리카 유적 Assisi, the Basilica of San Francesco and Other Franciscan Sites

2001 티볼리의 르네상스 양식 빌라 Villa d'Este, Tivoli

2002 발디노트의 후기 바로크 마을 Late Baroque Towns of the Val di Noto (South-Eastern Sicily)

2003 피에몬테와 롬바르디아의 사크리 몬티 acri Monti of Piedmont and Lombardy

2004 발도르시아 Val d'Orcia

2004 체르베테리와 타르퀴니아의 에트루리아인 공동묘지 truscan Necropolises of Cerveteri and Tarquinia

2005 시라쿠스와 암석 묘지 Syracuse and the Rocky Necropolis of Pantalica

2006 제노바의 롤리 왕궁 및 신작로 Genoa : Le Strade Nuove and the system of the Palazzi dei Rolli

2008 알불라-베르니나 경관 지역의 라에티안 철로 Rhaetian Railway in the Albula-Bernina Landscape

2008 만투아와 사비오네타 Mantua and Sabbioneta

2009 돌로미테스 The Dolomites

2010 몬테 산 조지오 Monte San Giorgio

인도(India)

1999 인도 산악 철도Mountain Railways of India

2002 부다가야의 마하보디 사원 단지 Mahabodhi Temple Complex at Bodh Gaya

2003 빔베트카의 바위 그늘 유적 Rock Shelters of Bhimbetka

2004 챔파너 파바가드 Champaner-Pavagadh Archaeological Park

2004 차트라바티 시와지 역 Chhatrapati Shivaji Terminus (formerly Victoria Terminus)

2007 붉은 요새 복합 건물 Red Fort Complex

2010 잔타르 마타르 The Jantar Mantar

인도네시아(Indonesia)

1999 로렌츠 국립공원 Lorentz National Park

2004 수마트라의 열대우림 지역 Tropical Rainforest Heritage of Sumatra

일본(Japan)

1998 나라 역사 기념물군 Historic Monuments of Ancient Nara

1999 닛코 사당과 사원 Shrines and Temples of Nikko

2000 구수쿠 유적 및 류큐 왕국 유적 Gusuku Sites and Related Properties of the Kingdom of Ryukyu

2004 기이 산지의 영지(靈地)와 참배길 Sacred Sites and Pilgrimage Routes in the Kii Mountain Range

2005 시레토코 Shiretoko

중국(China)

1997 핑야오 고대 도시 Ancient City of Ping Yao

1997, 2000 쑤저우 전통 정원(쑤저우 류위안) Classical Gardens of Suzhou

1997 리장 고성 Old Town of Lijiang

1998 이화원(이허위안) Summer Palace, an Imperial Garden in Beijing

1998 천단(톈탄) Temple of Heaven: an Imperial Sacrificial Altar in Beijing

1999 우이 산 Mount Wuyi

1999 다쭈 암각군 Dazu Rock Carvings
2000 칭청 산과 두장옌의 수리 시설(수로 시스템/ 용수로
시스템) Mount Qingcheng and the Dujiangyan
Irrigation System
2000, 2003, 2004 명과 청 시대의 황릉 Imperial Tombs
of the Ming and Qing Dynasties
2000 룽먼 석굴 Longmen Grottoes
2000 안후이 성 시디 촌과 훙춘 촌 전통 마을(옛 촌락)
Ancient Villages in Southern Anhui - Xidi and
Hongcun
2001 윈강 석굴 Yungang Grottoes
2003 윈난 싼장빙류: 윈난 성 보호 지구 세 하천 Three
Parallel Rivers of Yunnan Protected Areas
2004 고대 고구려 왕국의 수도와 무덤군(고구려 전기의
도성과 고분) Capital Cities and Tombs of the
Ancient Koguryo Kingdom
2005 마카오 역사 지구 Historic Centre of Macao
2006 쓰촨 자이언트 판다 보호 지구 Sichuan Giant Panda
Sanctuaries
2006 은허 유적 Yin Xu
2007 카이핑 마을 Kaiping Diaolou and Villages
2008 산칭산 국립공원 Mount Sangingshan National
Park
2008 푸젠성 토루 Fujian Tulou
2009 우타이산 Mount Wutai
2010 중국 단샤 China Danxia
2010 '하늘과 땅의 중심'의 덩펑 역사기념물 Historic
Monuments of Dengfeng, in the 'Centre of
Heaven and Earth'

짐바브웨(Zimbabwe)

2003 매토보 언덕 Matobo Hills

체코(Czech Republic)

1998 홀라소비스(홀라소비체) 역사 마을 보존 지구
Holasovice Historic Village Reservation
1998 크로메리즈의 정원과 성채 Garden and Castle at
Kromeriz
1999 리토미슬 성 Litomysl Castle
2000 올로모우츠의 성삼위일체 석주 Holy Trinity Column
in Olomouc
2001 브르노의 투겐타트 별장 Tugendhat Villa in Brno
2003 트레빅의 유대인 지구와 성 프로코피우스 교회 The
Jewish Quarter and St. Procopius' Basilica in
Trebic

칠레(Chile)

2000 칠로에 교회 Churches of Chiloe
2003 항구 도시 발파라이소의 역사 지구 Historic Quarter
of the Seaport City of Valparaiso
2005 움베르스똔(험버스톤)과 산따 라우라의 초석 공장
Humberstone and Santa Laura Saltpeter Works
2006 세웰 광산 마을 Sewell Mining Town

카자흐스탄(Kazakhstan)

2003 아흐메드 야사위의 영묘 Mausoleum of Khoja
Ahmed Yasawi
2004 탐갈리 역사 지구의 암면 조각화 Petroglyphs within
the Archaeological Landscape of Tamgaly
2008 카자흐스탄 북부 사랴르카 초원 호수 지역 Sarkyarka
- Steppe and Lakes of Northern Kazakhstan

캐나다(Canada)

1999 미구아사 국립공원 Miguasha National Park
2007 리도 운하 Rideau Canal
2008 조긴스 화석 절벽 Joggins Fossil Cliffs

케냐(Kenya)

1997 케냐 산 국립공원과 천연림 Mount Kenya National
    Park/Natural Forest
1997, 2001 투르카나 호수 국립공원 Lake Turkana
    National Parks
2001 라무 구시가지 Lamu Old Town
2008 미지켄다족의 카야 성림 Sacred Mijikenda Kaya
    Forests

코스타리카(Costa Rica)

1997, 2002 코코스 섬 국립공원 Cocos Island National
    Park
1999 구아나카스트 보호 지구 Area de Conservacion
    Guanacaste

콜롬비아(Colombia)

2005 말펠로 동식물 보호 지구 Malpelo Fauna and Flora
    Sanctuary

쿠바(Cuba)

1997 산티아고 로타 성(산티아고 데 쿠바의 산 페드로 드 라
    로카 요새) San Pedro de la Roca Castle,
    Santiago de Cuba
1999 데셈바르코 델 그란마 국립공원 Desembarco del
    Granma National Park
1999 비날레스 계곡 Vinales Valley
2000 쿠바 동남부의 최초 커피 재배지 고고학적 경관
    Archaeological Landscape of the First Coffee
    Plantations in the South-East of Cuba
2001 훔볼트 국립공원 Alejandro de Humboldt National
    Park
2005 시엔푸에고스 역사 도시 Urban Historic Centre of
    Cienfuegos

2008 카마구에이 역사 지구 Historic Centre of
    Camaguey

크로아티아(Croatia)

1997 포레치 역사 지구의 에우프라시우스 성당 Episcopal
    Complex of the Euphrasian Basilica in the
    Historic Centre of Porec
1997 트로기르 역사 도시 Historic City of Trogir
2000 시베니크 성 야고보 성당 The Cathedral of St
    James in Sibenik
2008 스타리 그라드 평야 Stari Grad Plain

키리바시(Kiribati)

2010 피닉스 제도 보호구역 Phoenix Islands Protected
    Area

키프로스(Cyprus)

1998 크로코티아(코이로코이티아) 고고 유적 Choirokoitia

타이(Thailand)

2005 동파야엔-카오야이 숲 Dong Phayayen-Khao Yai
    Forest Complex

타지키스탄(Tadjikistan)

2010 사라즘의 원(原)-도시 유적 Proto-Urban Site of
    Sarazm

탄자니아(United Republic of Tanzania)
2000 잔지바 석조(石造) 해양 도시(잔지바르 스톤 타운)
　　 Stone Town of Zanzibar
2006 콘도아 암각화 유적지 Kondoa Rock Art Sites

터키(Turkey)
1998 트로이 고고 유적 Archaeological Site of Troy

토고(Togo)
2004 코타마코, 바타마리바 지역(바타마리바 족의 소유지,
　　 코타마코) Koutammakou, the Land of the
　　 Batammariba

투르크메니스탄(Turkmenistan)
1999 고대 메르프 역사 문화 공원 State Historical and
　　 Cultural Park "Ancient Merv"
2005 쿠냐-우르겐치 Kunya-Urgench
2007 니사의 파르티아 성채 Parthian Fortresses of Nisa

파나마(Panama)
2005 코이바 국립공원과 그 해상 보호 특별 구역 Coiba
　　 National Park and its Special Zone of Marine
　　 Protection

파키스탄(Pakistan)
1997 로타스 요새 Rohtas Fort

페루(Peru)
2000 아레키파 역사 도시 Historical Centre of the City of
　　 Arequipa
2009 신성도시 카랄 수페 Sacred City of Caral-Supe

포르투갈(Portugal)
1998 코아 계곡 선사 시대 암벽화 Prehistoric Rock-Art
　　 Sites in the Coa Valley
1999 마데이라의 라우리실바 Laurisilva of Madeira
2001 알토 도우루 포도주(와인) 산지 Alto Douro Wine
　　 Region
2001 구이마레에스 역사 지구 Historic Centre of
　　 Guimaraes
2004 피코 섬의 포도밭 경관 Landscape of the Pico
　　 Island Vineyard Culture

폴란드(Poland)
1997 토루뉴 중세 마을 Medieval Town of Torun
1997 말보르크의 독일 기사단 성(말보르크의 게르만 양식의
　　 성) Castle of the Teutonic Order in Malbork
1999 칼아리아 제브르지도우카(칼바리아 제브르도프스카)
　　 Kalwaria Zebrzydowska: the Mannerist
　　 Architectural and Park Landscape Complex and
　　 Pilgrimage Park
2001 야보르와 시비드니차의 자유 교회 Churches of
　　 Peace in Jawor and Swidnica
2003 남부 리틀 폴란드의 목조 교회 Wooden Churches of
　　 Southern Little Poland
2004 무스카우어 / 무자코우스키 공원 Muskauer Park /
　　 Park Muzakowski
2006 브로츠와프의 100주년 기념관 Centennial Hall in
　　 Wroclaw

프랑스(France)

1998 산티아고 데 콤포스텔라로 가는 프랑스 순례길 Routes of Santiago de Compostela in France

1998 리옹 역사 지구 Historic Site of Lyons

1999 생테밀리옹 포도 재배 지구 Jurisdiction of Saint-Emilion

2000 루아르 계곡 The Loire Valley between Sully-sur-Loire and Chalonnes

2001 프로방스 지역의 중세 도시 상가 지역 Provins, Town of Medieval Fairs

2005 르 아브르 도시 Le Havre, the City Rebuilt by Auguste Perret

2007 보르도, 달의 항구 Bordeaux, Port of the Moon

2008 보방의 성채 Fortifications of Vauban

2008 누벨칼레도니 섬의 석호 : 다양한 산호초와 생태계 Lagoons of New Caledonia : Reef Diversity and Associated Ecosystems

프랑스 – 스페인

1997 피레니 몽 페르뒤 산맥 Pyrenees – Mont Perdu

2010 레위니옹 섬의 봉우리와 원형협곡, 성벽 Pitons, Cirques and Remparts of Reunion Island

2010 알비의 주교도시 Episcopal City of Albi

필리핀(Philippines)

1999 비간 역사 도시 Historic Town of Vigan

1999 푸에르토-프린세사 지하 강 국립공원 Puerto-Princesa Subterranean River National Park

한국(Republic of Korea)

1997 수원 화성 Hwaseong Fortress

2000 고창 · 화순 · 강화 고인돌 유적 Gochang, Hwasun and Ganghwa Dolmen Sites

2000 경주 역사 유적 지구 Gyeongju Historic Areas

2007 제주 화산섬 및 용암동굴 Jeju Volcanic Island and Lava Tubes

2009 조선왕릉 Royal Tombs of the Joseon Dynasty

2010 한국의 역사마을: 하회와 양동 Historic Villages of Korea: Hahoe and Yangdong

헝가리(Hungary)

1999 호르토바지 국립공원 Hortobagy National Park – the Puszta

2000 페치의 초기 기독교 묘지(소피아나) Early Christian Necropolis of Pecs (Sopianae)

2002 토카이 와인 지역 문화유산 Tokaj Wine Region Historic Cultural Landscape